原子、分子和物质状态

ATOMS, MOLECULES, AND STATES OF MATTER

英国 Brown Bear Books 著
黄旭虎 译

電子工業出版社
Publishing House of Electronics Industry
北京 • BEIJING

BROWN BEAR BOOKS
Devised and produced by Brown Bear Books Ltd,
Unit 1/D, Leroy House, 436 Essex Road, London
N1 3QP, United Kingdom
Chinese Simplified Character rights arranged through Media Solutions Ltd Tokyo
Japan (info@mediasolutions.jp)

版权贸易合同登记号　图字：01-2022-6405

图书在版编目（CIP）数据

原子、分子和物质状态 / 英国 Brown Bear Books 著；黄旭虎译．—北京：电子工业出版社，2023.5
（疯狂 STEM. 化学）
ISBN 978-7-121-45229-1

Ⅰ．①原…　Ⅱ．①英…　②黄…　Ⅲ．①物质－状态－变化－青少年读物　Ⅳ．①O414.12-49

中国国家版本馆 CIP 数据核字（2023）第 046030 号

责任编辑：郭景瑶
文字编辑：刘　晓
印　　刷：北京利丰雅高长城印刷有限公司
装　　订：北京利丰雅高长城印刷有限公司
出版发行：电子工业出版社
　　　　　北京市海淀区万寿路 173 信箱　邮编：100036
开　　本：787×1092　1/16　印张：20　字数：608 千字
版　　次：2023 年 5 月第 1 版
印　　次：2023 年 5 月第 1 次印刷
定　　价：188.00 元（全 5 册）

凡所购买电子工业出版社图书有缺损问题，请向购买书店调换。若书店售缺，请与本社发行部联系，联系及邮购电话：（010）88254888，88258888。

质量投诉请发邮件至 zlts@phei.com.cn，盗版侵权举报请发邮件至 dbqq@phei.com.cn。

本书咨询联系方式：（010）88254210，influence@phei.com.cn，微信号：yingxianglibook。

“疯狂STEM”丛书简介

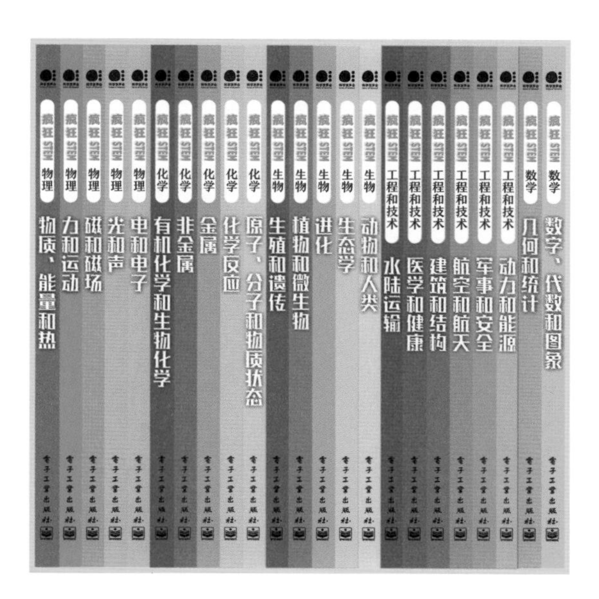

STEM是科学（Science）、技术（Technology）、工程（Engineering）、数学（Mathematics）四门学科英文首字母的缩写。STEM教育就是将科学、技术、工程和数学进行跨学科融合，让孩子们通过项目探究和动手实践，以富有创造性的方式进行学习。

本丛书立足STEM教育理念，从五个主要领域（物理、化学、生物、工程和技术、数学）出发，探索23个子领域，努力做到全方位、多学科的知识融会贯通，培养孩子们的科学素养，提升孩子们实际动手和解决问题的能力，将科学和理性融于生活。

从神秘的物质世界、奇妙的化学元素、不可思议的微观粒子、令人震撼的生命体到浩瀚的宇宙、唯美的数学、日新月异的技术……本丛书带领孩子们穿越人类认知的历史，沿着时间轴，用科学的眼光看待一切，了解我们赖以生存的世界是如何运转的。

本丛书精美的文字、易读的文风、丰富的信息图、珍贵的照片，让孩子们仿佛置身于浩瀚的科学图书馆。小到小学生，大到高中生，这套书会伴随孩子们成长。

目录

物质是什么？ / 6

原子和分子 / 6

元素 / 8

发现元素 / 8
化学的诞生 / 9
看不见的原子 / 10
科学的方法 / 10
质量和比例 / 11
元素符号和化学式 / 12

认识原子 / 14

质子 / 14
中子 / 16
电子 / 16
不同的原子质量数 / 16
计算原子质量 / 17
相对原子质量 / 18
摩尔 / 19

理解电子 / 20

能级 / 20
热和光 / 21
释放光 / 21
固定数量 / 22
化学行为 / 23
电子排列 / 23

反应和成键 / 24

打破和制造 / 24
成键 / 25
离子键 / 25
共享电子 / 26
金属键 / 27
分子间键合 / 27
偶极吸引 / 27
氢键 / 28
分子的形状 / 29

放射性 / 30

辐射的类型 / 31
辐射的危险 / 31
衰变链 / 33
半衰期 / 33

物质的三种状态 / 34

固体、液体和气体 / 34
动力学理论 / 34
布朗运动 / 35
分子内的力 / 35
分子间力 / 36
氢键 / 37
改变状态 / 37

气体及其性质 / 38

气体的物理特性 / 38
气体动理论 / 39
测量气体 / 40
波意耳定律 / 40
查理定律 / 41
阿伏伽德罗定律 / 42
理想气体定律 / 42

液体 / 44

物理性质 / 44
水的奇异之处 / 45
液体变成气体 / 46
沸点 / 47

溶液 / 48

溶液的性质 / 48
溶液的类型 / 48
溶解在水中 / 50
导电 / 50
浓度 / 50
饱和和溶解度 / 51
影响溶解度的因素 / 51
物理性质 / 52
胶体 / 53

固体 / 54

天然的固体 / 54
无定形固体 / 55
结合成固体 / 56
金属固体 / 56
合金 / 56
分子固体 / 56
离子固体 / 56
坚硬的固体 / 57
类金属 / 57
膨胀 / 58
固体升华为气体 / 59

改变状态 / 60

能量和相变 / 60
熔化热 / 60
结冰 / 61
汽化热 / 62
沸腾 / 62
蒸发冷却 / 63
相变 / 63

延伸阅读 / 64

物质是什么?

宇宙中的一切都是由物质构成的。物质是由微小的原子组成的。化学是一门在原子、分子水平上研究物质的组成、结构、性质、转化及应用的基础自然科学。

你周围的一切都是由物质构成的。这本书的每一页，你呼吸的空气，甚至你的身体，都含有相同的组成部分。这些组成部分并不仅仅构成了地球上的东西，宇宙中的一切——恒星、行星、岩石和尘埃云——也是由它们构成的。

元素、混合物、化合物

物质以不同的形式存在于自然界中。元素是物质的基本成分，是由具有相同核电荷数（质子数）的同一类原子组成的。分子可以由单种元素的原子组成，也可以由不同元素的原子组成。混合物是由不同物质的分子混合在一起形成的，但这些分子在物理上或化学上并没有结合在一起。混合物的成分可以彼此分离。化合物由两种或两种以上元素形成的单一的、具有特定性质的纯净物，只有通过化学方法才能将其分离成单个元素。

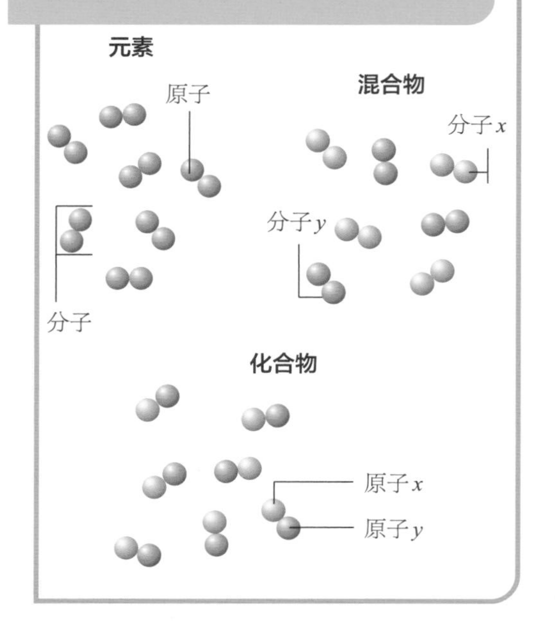

喷发的火山显示了物质的三种状态——形成火山的岩石是固体，从火山中喷出的岩浆是液体，而喷射到大气中的是气体。

原子和分子

原子是物质的组成部分。原子都很小，大约 1.25 亿个原子排成一排的长度仅为 2.5 厘米。不同的原子有不同的大小和质量，具有许多不同的特性。

原子组合在一起形成物质和我们周围

的一切。元素是具有相同核电荷数（质子数）的同一类原子的总称，如碳元素、铁元素等。地球上天然存在的元素大约有90多种。

然而，宇宙中的一切并非都由同一种元素构成。大多数物质是由几种不同元素的原子组成的。由多种元素的原子组成的纯净物被称为“化合物”。原子组合在一起时，就形成了分子。分子有独特的形状和大小，这赋予了材料特定的性质，比如，有的材料是坚硬的，有的材料是柔软的。化合物的性质常常与其分子中所包含的元素的性质不同。例如，钠是一种质地柔软的金属元素，与水会发生剧烈反应；氯是一种化学反应性很强的元素。钠元素和氯元素结合在一起时，就形成了常见的食盐。食盐是一种稳定的、安全的、室温下不会发生反应的晶体。

物质有三种基本状态：固体、液体和气体。此外，物质还有第四种状态，即等离子体，但地球上的大多数物质通常以固体、液体或气体的形式存在。物质可以通过加热或冷却从一种状态转变为另一种状态。固体可以熔化变成液体，液体可以蒸发变成气体。反过来，气体可以凝结变成液体，然后再冻结变成固体。

科学词汇

原子：物质结构的1个层次，由带正电荷的原子核和带负电荷的核外电子组成。

气体：粒子没有结合在一起，可向任何方向自由移动的状态。

液体：粒子松散结合并能自由移动的状态。

分子：由一个以上原子通过共价键形成的独立存在的电中性实体。分子是保持物质特有化学性质的最小微粒。

固体：粒子刚性排列在一起形成的物质。

物质的状态

固体：粒子紧密地排列在一起。这是刚性的晶体结构。粒子可以移动，但只能在晶体内部来回移动。

液体：粒子排列得没有固体中那么紧密，它们可以移动，因此液体具有流动性，可以变成不同的形状。

气体：粒子不与其他粒子结合在一起，它们都是独立运动的。所以，气体会扩散，直至填满所有可用的空间。

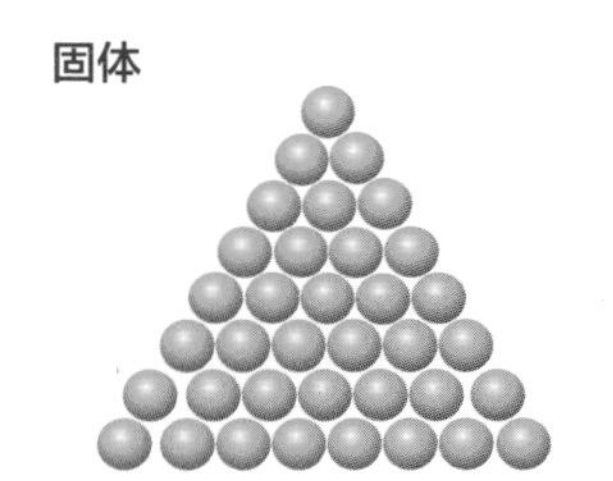

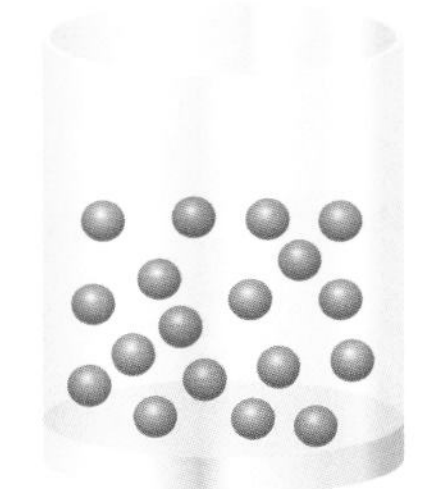

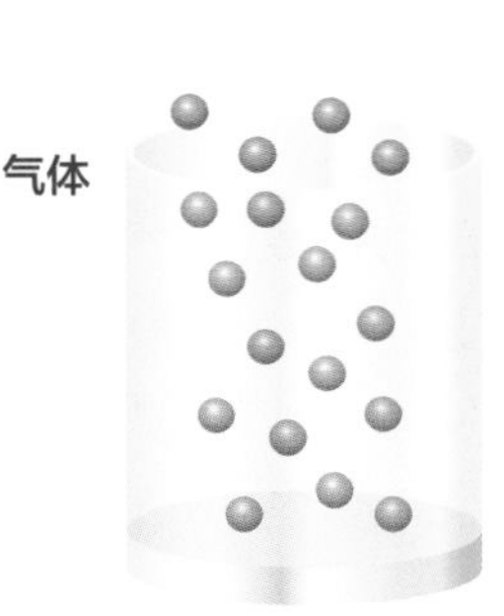

元素

元素是具有相同核电荷数（质子数）的同一类原子的总称。每种元素都有自己的原子，具有特定的大小和质量，并具有特定的化学性质。

元素其实只有100多种，但它们就像可以拼写出数十万个英文单词的26个字母一样，可以组合成各种各样的物质。元素周期表中，约四分之三的元素是金属元素，还有些元素在正常条件下是气体，而只有两种元素是液体（其中一种是金属汞）。有些元素会和其他元素发生反应，也有一小部分元素几乎不与其他任何元素发生反应。宇宙中的其他地方可能会有地球上这100多种元素以外的元素，但这些元素只会短暂存在，然后裂变成更稳定的元素。科学家们在实验室中制造出了极微量的不稳定元素，但它们很快就裂变了。

发现元素

人们早就知道，某些基本物质可以结合起来，形成全新的且完全不同的物质。今天，化学家了解原子是如何构成的，以及什么使一种元素与其他元素不同。然而，在科

铋是一种稀有金属元素，具有规则的晶体结构。它可以形成图案交错的方块，具有不同的颜色，这使它成为最独特的元素之一。

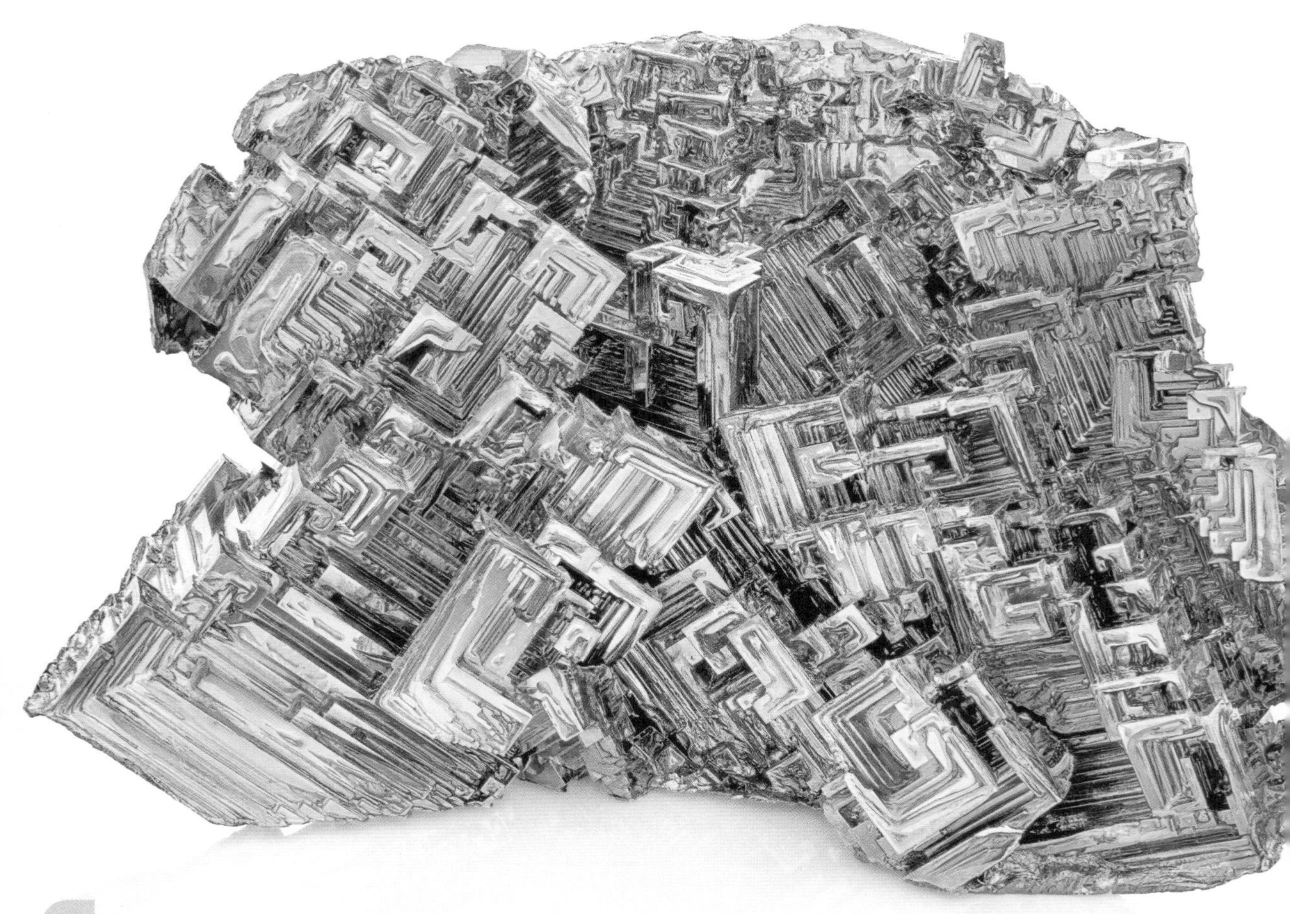

地球中的元素

氢元素的原子是最小、最简单的，氢元素也是宇宙中最常见的元素。宇宙中四分之三的物质是由氢构成的。地球中含量最多的元素是铁。然而，地表最常见的元素是硅和氧。例如，二氧化硅是沙子中的主要化合物，也存在于大多数岩石中。其他元素非常罕见，例如，地球上所有的岩石中一共只有约28克砹。

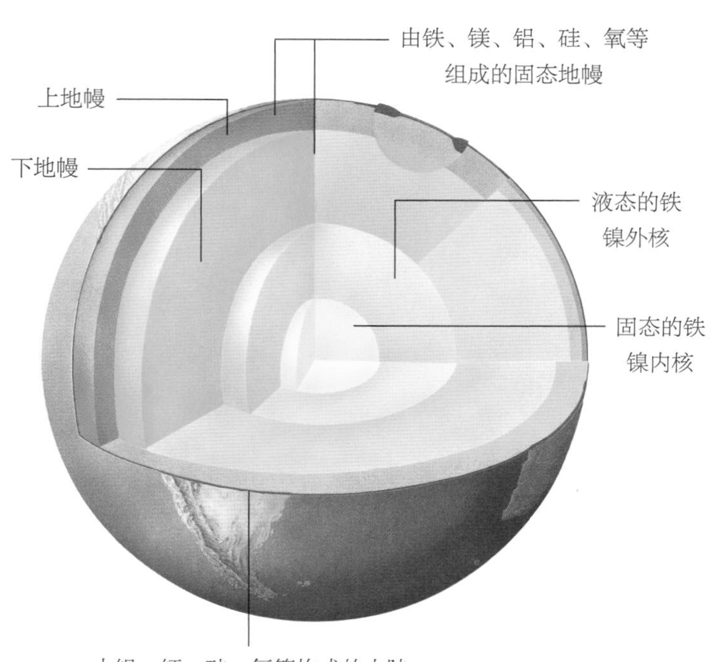

学家找到这些解释之前，人们对元素有非常不同的想法。几百年前，人们认为世界上的一切是由土、气、火和水四种“元素”组成的。当时的人们错误地认为这些元素的性质与魔法有关，而与科学无关。实际上，元素作为物质的基本成分的想法是正确的，只是人们并没有发现任何真正的元素。

化学的诞生

第一批研究如何将某一物质转化为其他物质的人被称为“炼金术士”。炼金术最早发源于大约2500年前的古埃及和中国。然而，炼金术士并不是科学家，他们所做的许多事情常常被人们认为是巫师的魔法。他们将“魔水”和药物混合在一起，认为可以用魔法来改变物质。

与化学家不同的是，炼金术士没有进行合适的科学实验，他们也不了解化学的基本原理，如化合物和混合物的区别。即便如此，他们还是做出了一些极其重要的贡献。

例如，炼金术士开始明白物质的基本成分并不是土、气、火、水四种“元素”。他们确定了一些金属元素，如汞、铁和金。此外，炼金术士还正确地认为，硫、砷和其他非金属也是元素。他们开始使用不同的符号来表示元素，现代化学家也这样做。直到化学家开始以科学的方式研究元素的性质，人们才知道，一种元素的原子可以构成单

科学词汇

炼金术士：试图用原始化学和魔法将一种物质转化为另一种物质的人。

四元素说：古代关于物质组成的学说，认为所有物质都是由土、气、火和水这四种“元素”组成的。

质，而几种元素的原子可以构成化合物。

看不见的原子

100多年前，科学家才发现了原子。然而，几千年来，人们一直在谈论原子。认为原子存在的第一批人是古希腊哲学家。这些哲学家没有做任何实验来理解物质，也没有用科学来证明他们的想法。但是，他们提出的理论似乎与他们观察到的相吻合。

“原子”这个词来自古希腊语atomos，意思是“不可分割的”。大约2500年前，米利都的留基伯（Leucippus）是第一个认为物质是由原子构成的人。他认为，原子都是一样的，不能被挤压、拉伸。他还认为原子必须存在，因为事物在自然界中不断变化。然而，他明白，新的东西不可能从任何东西中得到，所以，所有的变化都只是原子的重新排列，即原子本身不能改变，只是其排列方式发生了改变。留基伯和他的追随者不明白原子是如何构成的，也不明白它们的行为方式。然而，他们的原子理论在许多方面是正确的。

科学的方法

当化学家开始以科学的方式研究物质时，他们开始意识到，物质确实是由原子

组成的，但并非所有的原子都是相同的。英国科学家约翰·道尔顿（John Dalton，1766—1844）取得了化学领域最重要的发现之一。19世纪初，他注意到，当两种类型的气体混合在一起时，它们的行为并不相同。留基伯曾经说过，所有的东西都是由相同的原子组成的，那么为什么两种气体中的原子表现得很不一样呢？道尔顿看到两种气体彼此独立扩散，然后均匀地分布在整个容器中。这一简单的实验证明，并非所有的原子都是相同的。这个结论与留基伯的观点不

汞是一种金属元素，汞和溴是仅有的在室温下为液体的两种元素。

同。这两种气体必定含有不同类型的原子，这些原子的行为不同。

质量和比例

到19世纪初，科学家已经确定了大约25种元素，其中既包括已有数百年历史的金、汞和铜等金属元素，也包括一些新发现的元素，如在道尔顿实验之前就已被发现的氧元素。道尔顿认为，每种元素都有自己的

胡言乱语的炼金术士

化学家经常与其他人分享他们的发现。他们互相验证对方的发现，以确保这些发现是正确的。炼金术士和现代化学家有很大的不同。

相比之下，炼金术士的主要目标是找到三种物质：喝了可以使人长生不老的灵丹妙药、吃了可以治愈所有疾病的灵丹妙药，还有哲学家所说的可以把任何金属变成金子的宝石。显然，如果找到这些物质，炼金术士就会变得非常富有和强大。因此，炼金术士更愿意将他们的工作保密。为了保密，他们使用奇怪的符号来记录事物。

最有影响力的炼金术士之一是阿拉伯・查比尔・伊本・赫扬（Arab Jabiribn Hayyan，721—815），又称格伯（Geber）。他的文章很混乱，经常互相矛盾。“胡言乱语”（gibberish）这个词就来自他的名字，意思是“胡说八道”。

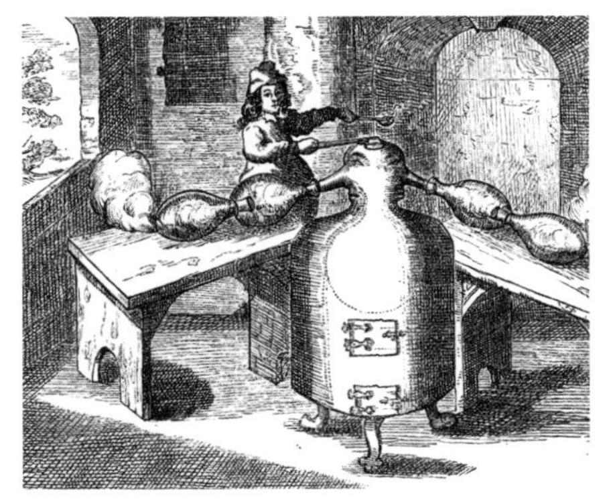

这幅插图展示了一位被仪器、设备和魔法书包围着的炼金术士。炼金术士用这些来制造药水。18世纪，随着科学的发展，炼金术逐渐被化学和科学实验所取代。

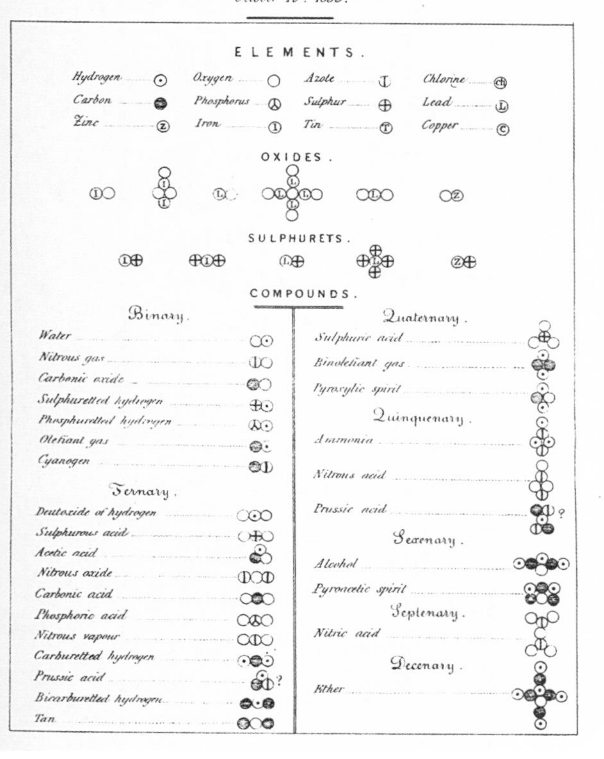

约翰·道尔顿在1808年创建的元素、化合物和元素符号表。每个圆形符号代表一个原子，这些符号组合起来可表示分子。

原子类型。

道尔顿发现的各种元素的主要区别是它们的质量（物体含有物质的多少）和密度（单位体积的某种物质的质量）。

为了计算出一种元素的质量，他使其与质量已知的另一种元素反应，然后称量新生成的化合物的质量，新生成的化合物增加的质量就是该元素的质量。他还计算出化合物中两种元素的质量比。

道尔顿还认为，化合物中各元素的质量比是一定的。例如，一种化合物可能含有等量的两种元素，或者其中一种元素的含量是另一种元素的两倍。然而，各种元素质量比的数值总是整数，一种元素的一个原子不可能与另一种元素的半个原子相连。

虽然道尔顿当时不知道原因，但他努力研究化合物中原子是如何排列的。等量的钠原子和氯原子反应时，会产生氯化钠。这是一种简单的化合物，钠原子和氯原子的比例是1∶1。然而，其他化合物中所含元素原子的比例就要复杂得多。例如，氢和氧生成水的这一过程需要的氢原子是氧原子的两倍，所以水中氢原子和氧原子的比例为2∶1。化学家用这些比例来解释分子的确切成分。与炼金术士一样，化学家也用符号来代表每一种元素，但是，他们选择了更容易理解的符号。

科学词汇

化学式： 用元素符号和数字的组合表示物质组成的式子，如水的化学式为 H_2O。

元素符号： 表示元素的字母，如氯的元素符号为Cl，而钠的元素符号为Na。

元素符号和化学式

氢的元素符号是H；氯的元素符号是Cl；氧的元素符号是O。有些元素的元素符号并没有那么明显，因为它们并非来自英语。例如，钠的元素符号是Na，来自拉丁词natrium；铁的元素符号是Fe，来自拉丁词ferrum；汞的元素符号是Hg，来自古希腊单词hydrargyros（字面意思是“液体银”）。

化学家通过把元素符号和元素比例结合起来形成化学式的方式来描述物质的组成。例如，氯化钠的化学式是NaCl，水的化学式是H_2O，其中的下标2表示每个水分子中有两个氢原子。更复杂的化合物，如葡萄糖，是含有许多原子的大分子，葡萄糖的化学式为$C_6H_{12}O_6$。

简单和复杂的分子

（a）水分子是一种简单的分子，由一个氧（O）原子与两个氢（H）原子结合形成，化学式是H_2O。

（b）葡萄糖分子是一种复杂的分子。它是由6个碳（C）原子、12个氢（H）原子和6个氧（O）原子组成的，化学式为$C_6H_{12}O_6$。

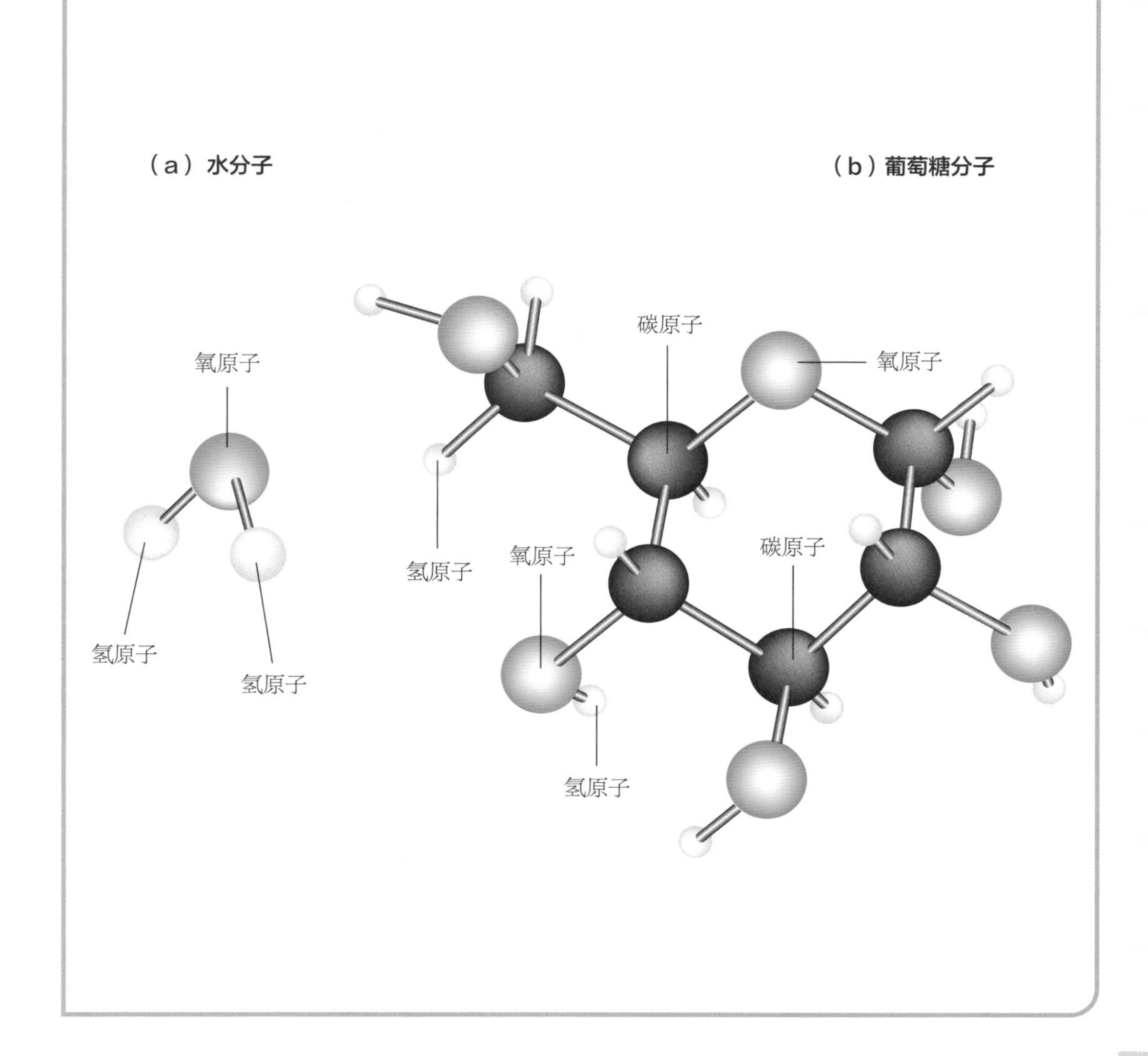

（a）水分子

（b）葡萄糖分子

认识原子

原子虽然很微小，但它是由更小的粒子组成的。每种元素的原子内部都含有特定数量的粒子。

数百年以前，科学家认为原子是物质中最小的粒子。直到20世纪，科学家才开始意识到，原子是由更小的粒子组成的，他们将这些粒子称为“亚原子粒子”。原子中有三种亚原子粒子，分别是质子、中子和电子。所有原子都是由这些亚原子粒子组成的。一种元素的物理和化学性质是由其原子中的亚原子粒子数决定的。例如，原子中含有的亚原子粒子数量较多的元素，密度较大；而原子中含有的亚原子粒子数量较少的元素，密度则较小。同样，元素原子中粒子的数量也决定了元素的化学反应性。

质子

原子的中心是一个微小的原子核。原子核包含第一种粒子：质子。“质子”这个词于1920年左右首次被使用，希腊语中是“第一”的意思。之所以赋予这种粒子“质子”这个名字，是因为它是在原子中发现的第一种粒子。电子是1897年被发现的，但当时人们并不知道它们是原子的一部分，直

科学词汇

原子质量数：简称质量数，指原子核中质子数和中子数的和。

原子序数：等于原子核中质子的数目。

电子：一种小的、带负电荷的亚原子粒子，环绕原子核旋转。

中子：一种位于原子核内的不带电荷的亚原子粒子。

质子：在原子核中发现的带正电荷的粒子。

原子核：原子的中心部分，由质子和中子组成。

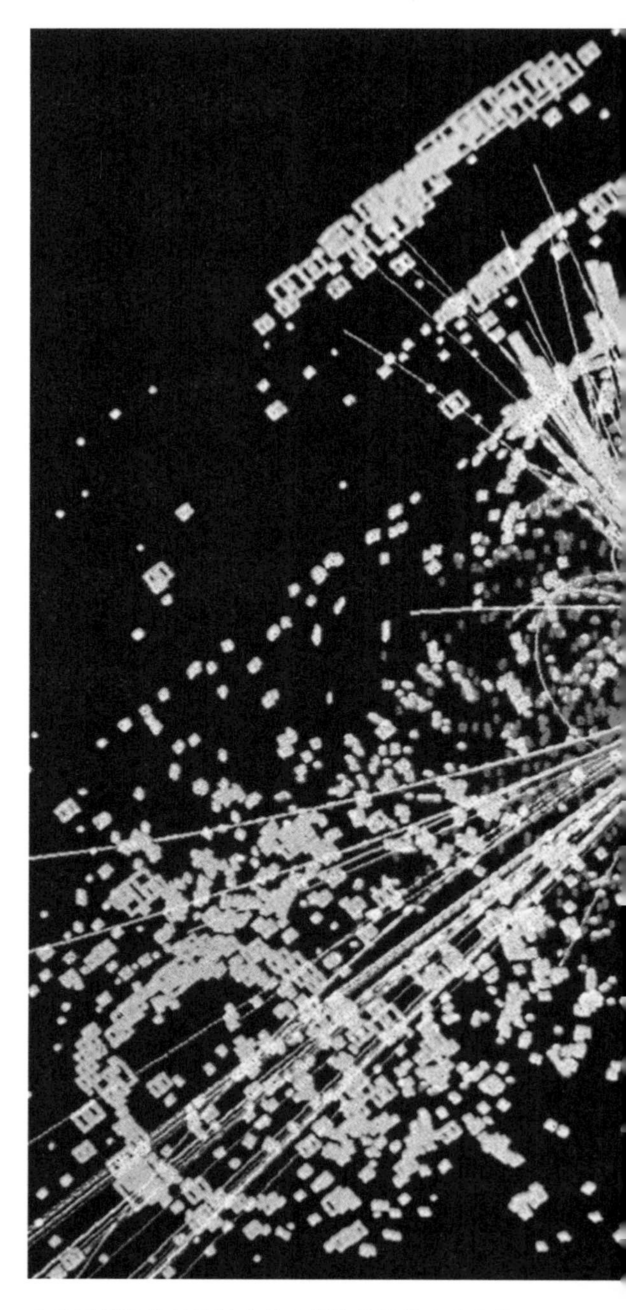

由粒子探测器记录的曲线和螺旋线显示了微小的亚原子粒子的运动轨迹。

到发现质子后才知道。

原子中的质子数决定了元素的类型。最简单、最小的原子是氢原子，其原子核中只有一个质子。原子越大，其原子核中的质子就越多。例如，天然存在的最大的元素是金属元素铀。铀原子有92个质子。原子中的质子数被称为“原子序数”。每种元素在其原子的原子核中都有特定数量的质子。如果两个原子的原子序数不同，那说明它们含有的质子的数量不同，也就说明它们是不同的元素。

质子带有正电荷。这种电荷是质子的基本性质，化学家将每个质子的电荷描述为1。质子的电荷与它推动和拉动原子内部其他粒子的方式有关。由于其中含有质子，因此原子核带有正电荷。

原子核

质子和中子位于原子核的中心部分。电子围绕原子核运动。

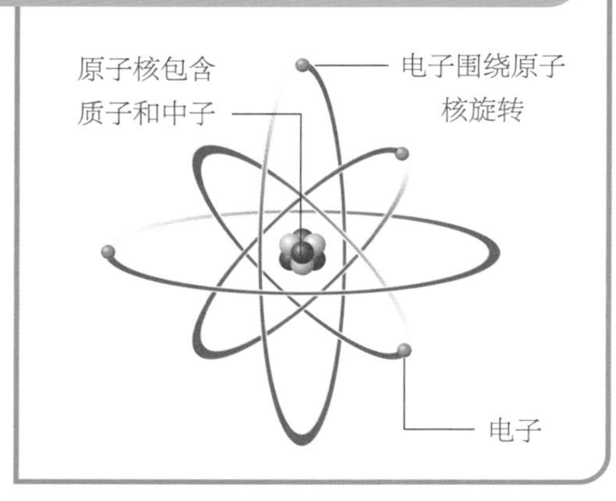

微小的粒子

亚原子粒子极小。天文学家认为宇宙中总共有大约1万亿颗恒星，而1克电子的数量约是宇宙中恒星数量的1000倍。最大的原子直径大约只有五百万分之一毫米。然而，原子的大部分质量集中在原子核上，而原子核的直径只有几万亿分之一毫米。假如原子是一个体育场，那么原子核就像一个位于体育场中心的乒乓球。

中子

除了氢元素，所有元素的原子核中都有第二种粒子——中子。中子比质子稍重，然而，它们不带电荷，是中性的，所以中子在化学反应中不起太大作用。氦原子的原子核中有两个质子和两个中子。原子中的中子数与质子数通常是相等的，但并非总是如此。原子核中的粒子数（质子数加上中子数）被称为“原子质量数”。例如，大多数氢原子的原子质量数为1（1个质子加0个中子），大多数碳原子的原子质量数为12（6个质子和6个中子）。通过原子质量数，我们便可以知道该原子含有多少质子和中子，以及它有多重。

电子

第三种亚原子粒子是电子，但它不位于原子核中，相反，它绕原子核（轨道）运动。电子的重量只有质子或中子的1/1830。电子很小，带有负电荷。电子的电荷数与质子的相等，但是电性相反，因此原子整体是不显电性的，即呈电中性。

原子的结构

原子核中的质子数决定了元素的类型。质子和电子都带有电荷，质子带正电荷，电子带负电荷，中子不带电荷。

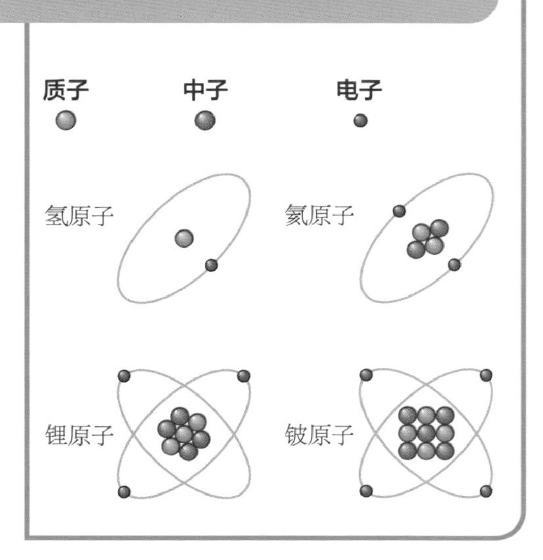

不同的原子质量数

一种元素的所有原子具有相同的原子序数，然而，同一种元素原子的原子质量数却可能稍有不同。这是因为一种元素原子的原子核中可以有不同数量的中子。中子数不同的同一种元素的不同形式，被称为“同位素”。例如，氢原子有三种同位素。首先，最常见的，也是最简单的氢原子，其原子质量数为1，即其原子核中有一个质子。其次，大约0.015%的氢原子在其原子核中有一个中子和一个质子，这种氢同位素的原子质量数为2，被称为“氘”或“重氢”。最

铝元素有许多常见的用途，比如用来制作易拉罐。每个微小的铝原子都有一个由13个质子和14个中子组成的原子核，原子核周围有13个电子。

科学词汇

α粒子： 失去电子的氦原子核，有两个质子和两个中子。

同位素： 一种元素的原子总是有相同数量的质子，但它们可以有不同数量的中子。同一种元素的不同形式就被称为“同位素”。

后，每10万亿个氢原子中就有一个是同位素氚。氚的原子核中有两个中子和一个质子，其原子质量数为3。

为了确保人们知道原子是哪种同位素，人们通常将原子的原子质量数写在它元素符号的左上方，而将其原子序数写在元素符号的左下方。例如，碳的主要同位素表示为 $^{12}_{6}C$，也可以表示为碳-12（C-12）。氚原子具有放射性，这意味着它的原子核是不稳定的，很快就会衰变，释放辐射（见第30～33页）。其他元素的许多不太常见的同位素也具有放射性。

计算原子质量

为了计算某种元素的原子质量，化学家使该元素与另一种已知质量的元素发生反应。实际上，他们使用的是基于元素各种同位素的相对含量计算出来的平均值。例如，大多数氢原子的原子质量数为1，但少数氢原子（氘原子和氚原子）的原子质量数为2和3。对于所有氢原子来说，平均原子质量数略高于1（精确值为1.00794）。这个数字就是氢的原子质量。然而，为了简化计算，化学家们通常认为氢的原子质量为1。

解锁原子结构

电子发现于1897年，质子发现于1910年，而中子发现于1932年。起初科学家们认为质子和电子交叉排列于原子中，以维持电荷的平衡。但是，1911年，化学家欧内斯特・卢瑟福（Ernest Rutherford，1871—1937）证明质子仅位于原子中心微小的原子核中。他用一束α粒子轰击一张金箔。α粒子是指失去电子后的氦原子核，它有两个质子和两个中子，并且带正电荷。大多数α粒子穿过了金箔，但有些发生了偏转，有一些被反弹回来。卢瑟福意识到，一些粒子被原子内部带正电荷的粒子排斥。因为α粒子束只受金箔的微小区域（小于单个原子的大小）的影响，因此他得出结论，质子是原子中的带正电荷的粒子，只占据原子中心的一个很小的区域，他将这一区域称为“原子核”。

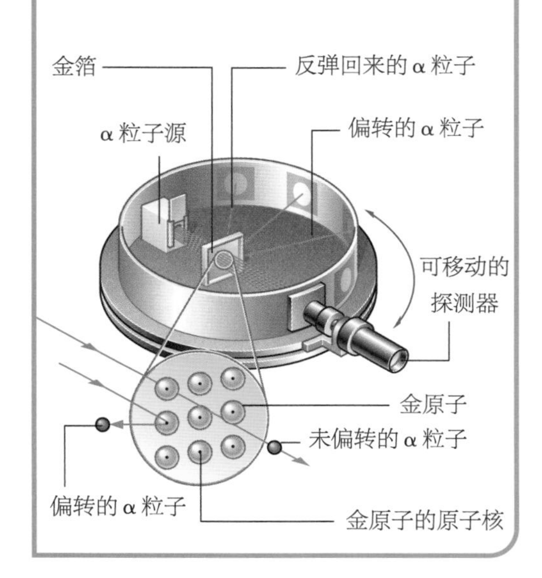

同位素

氢有三种同位素。到目前为止，氢最常见的同位素是氕（^1_1H），它的原子核中只有一个质子，没有中子。氘（^2_1H）和氚（^3_1H）很罕见，它们的原子核中除一个质子外，还分别有一个和两个中子。与氢的同位素不同，大多数元素的同位素没有特殊的名称，科学家以原子质量数来区别它们的同位素，如碳-12（$^{12}_6C$）和碳-14（$^{14}_6C$）。同一种元素各个同位素中的电子数不会发生变化，它与原子序数（质子数）保持一致。

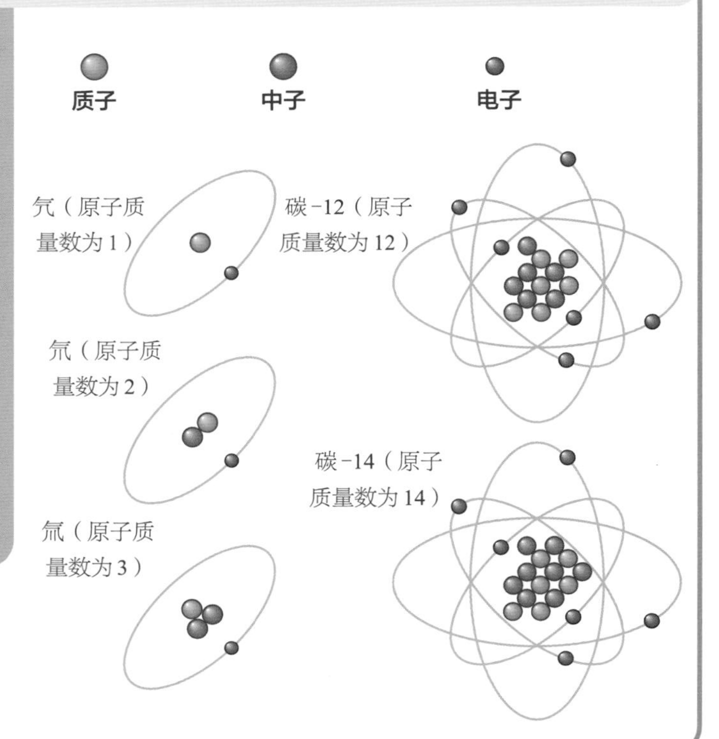

阿莫迪欧·阿伏伽德罗

阿莫迪欧·阿伏伽德罗（Amedeo Avogadro，1776—1856）于1776年8月9日生于意大利都灵。他的父亲菲利波·阿伏伽德罗伯爵是一名律师。虽然阿伏伽德罗也学习过法律，但他对物理和数学更感兴趣。1811年，他发表了一篇论文，认为在相同的温度和压力下，相同体积的气体含有的分子数量也相同。尽管多年后他的观点才得到广泛的认可，但是这对化学的发展产生了很大的影响。为了纪念他对原子和分子的重要贡献，后人将1摩尔的任何物质所含有的基本单元（如分子或原子）的数量称为“阿伏伽德罗常数”，尽管他当时并不知道这个数字。

相对原子质量

原子非常轻，一个氢原子的质量大约只有1.7万亿分之一克。用这么小的单位来比较原子的质量将非常麻烦。

实际上，原子的质量被表示为与其他元素的原子质量的相对值。化学家用相对原子质量来表示。从这个名字也可以看出，这个数字与其他元素有关。相对原子质量是元素的平均原子质量与碳-12原子质量的1/12的比值。

分子含有多个原子，它们的质量也很重要。分子中所有原子的相对原子质量的总和，被叫作“分子量”（又称“相对分子质量”）。例如，水分子有两个氢原子（相对原子质量为1）和一个氧原子（相对原子质量为

科学词汇

摩尔：12 克碳 –12 中所含的原子数。这个数字是 6.022×10^{23}。

相对原子质量（RAM）：平均原子质量与碳 –12 原子质量的 1/12 的比值。

分子量（RMM）：分子中所有原子的相对原子质量的总和。

16），因此，水的分子量为 18(1+1+16)。相对原子质量和分子量有助于化学家了解物质在不同的化学反应中是如何结合和改变的。

摩尔

化学家用摩尔来表示物质的量。1 摩尔物质的量被定义为 12 克碳 –12 中所含有的原子个数。碳 –12 的相对原子质量为 12。化学家之所以选择这种同位素来定义摩尔，是因为碳是地球上常见的元素之一。1 摩尔任何粒子或物质的质量以克为单位时，其数值都与该粒子的相对原子质量或分子量（相对分子质量）相等。例如，氢的相对原子质量为 1，则 1 摩尔氢的质量是 1 克；铅的相对原子质量为 207，因此 1 摩尔铅的质量为 207 克。1 摩尔的任何物质都包含相同数量（约 6.022×10^{23} 个）的粒子或碎片，这大约是整个宇宙中恒星数量的 10 倍。这个数字也被称为“阿伏伽德罗常数”，是以意大利科学家阿莫迪欧 • 阿伏伽德罗的名字命名的。阿伏伽德罗认为，在温度和压力不变的情况下，一定体积的气体总是包含相同数量的原子或分子。因此，4.5 升的氢气和 4.5 升的氧气含有相同数量的原子。然而，4.5 升氧气的质量是 4.5 升氢气质量的 16 倍。使用阿伏伽德罗常数、相对原子质量和分子量，化学家可以很容易地算出给定样品中原子或分子的数量。

上图为硫酸铜（$CuSO_4$）晶体。将每种元素的相对原子质量相加便可以得出该化合物的分子量。铜（Cu）的相对原子质量为 64，硫（S）的为 32，氧（O）的为 16。考虑到 $CuSO_4$ 中有 4 个氧原子，所以，该化合物的分子量是 $64+32+(4\times16)=160$。

试试这个

有多少个分子?

水的分子量为 18。1 摩尔水的质量为 18 克。你可以用这个来计算一杯水中有多少个分子。在厨房的电子秤上称出一个空杯子的质量，以克为单位可以使计算更容易。向杯子中倒点水，看看它有多重。这两个数的差值就是水的质量。用这个数除以 18 就可以得到杯子里的水的摩尔数。然后，用得到的摩尔数乘以阿伏伽德罗常数，便可计算出其中的分子个数。如果水的质量是 36 克，即两摩尔的水，则这些水中共含有 1.2044×10^{24} 个水分子。

理解电子

电子在化学反应中起着重要的作用。它们在原子中的排列方式影响着元素的化学反应性。它们还与光的产生有关。

原子的大部分质量集中于原子中心的原子核上，但它的大部分行为是由围绕原子核运动的微小的电子控制的。例如，电子是原子参与化学反应的部分。

原子中的每个电子都有自己的位置。电子相互排斥，永不接触。它们排列成层，被称为“电子壳层”。不同的原子有不同数量的电子壳层，这取决于原子含有多少电子。氢原子只有1个电子壳层，其电子壳层上只有1个电子。然而，铀原子是天然存在的最大的原子，共有92个电子，排列在7个电子壳层中。离原子核最近的电子壳层是最小的。离原子核越远，电子壳层越大，可以容纳的电子就越多。

太阳释放出的粒子以太阳风的形式在太空中传播。当这种气流撞击地球时，太阳风中的粒子与大气中的气体原子发生碰撞。碰撞使原子中的电子迁移到另一能级，并以彩色光的形式释放能量。在南极和北极附近可以看到这些光，它们被称为“极光”。

能级

电子壳层有时也被称为“能级”。离原子核最近的能级上的电子能量最低，最远的能级上的电子能量最高。当原子接受能量时，例如当它被加热时，它的电子会跃迁到离原子核更远的、更高的能级。原子释放能量时，它们的电子下降到较低的、离原子核较近的能级。这个有关原子如何工作的模型是由丹麦物理学家尼尔斯·玻尔（Niels Bohr，1885—1962）在1913年提出的。它至今仍然被视为理解原子的最好方法之一。

热和光

玻尔的原子模型解释了原子如何产生光和其他类型的辐射。可见光只是一种电磁辐射。其他的电磁辐射包括无线电波、红外线、紫外线、X射线和γ射线等。所有这些辐射都是以同样的方式产生的，但有些辐射涉及的能量较大。可见光位于电磁波谱的中间，电磁波谱是由这些电磁波按照它们的波长或频率、波数、能量的大小顺序排列而成的。蓝光比黄光的能量更大，而黄光比红光的能量更大。紫外线和X射线的辐射能量比可见光的更大。紫外线是不可见的辐射，会灼伤人体。医学上常用X射线来拍摄人体内骨骼的图像。热（或红外辐射）所涉及的能量小于可见光，无线电波也是如此。

科学术语

能级：不同电子壳层代表不同的能级。最接近原子核的能级，所具有的能量最低。

电子壳层：电子的轨道。每个电子壳层最多只能包含特定数量的电子。

释放光

当电子所处的能级下降时，原子就会释放出一个微小的粒子——光子（见第22页）。光子比电子更小，重量更轻。 光的射线或其他辐射，如X射线，是由原子产生的光子流。

光子携带辐射的能量。它所携带的能量的多少取决于电子下降了多少个能级。如

电子壳层

电子填充原子核周围的电子壳层有严格的顺序。氢原子只有一个电子绕着它的原子核运动。氦原子有两个。第一壳层离原子核很近，只能容纳两个电子。锂原子有三个电子，因为第一壳层已经饱和，所以第三个电子必须在下一个壳层中。第二壳层最多能容纳八个电子。如果原子的最外电子壳层是饱和的，那么该原子就是稳定的和不活跃的。锂原子的最外电子壳层只有一个电子，所以锂原子并不稳定。碳原子的最外电子壳层只有四个电子，还需要四个电子才能饱和。

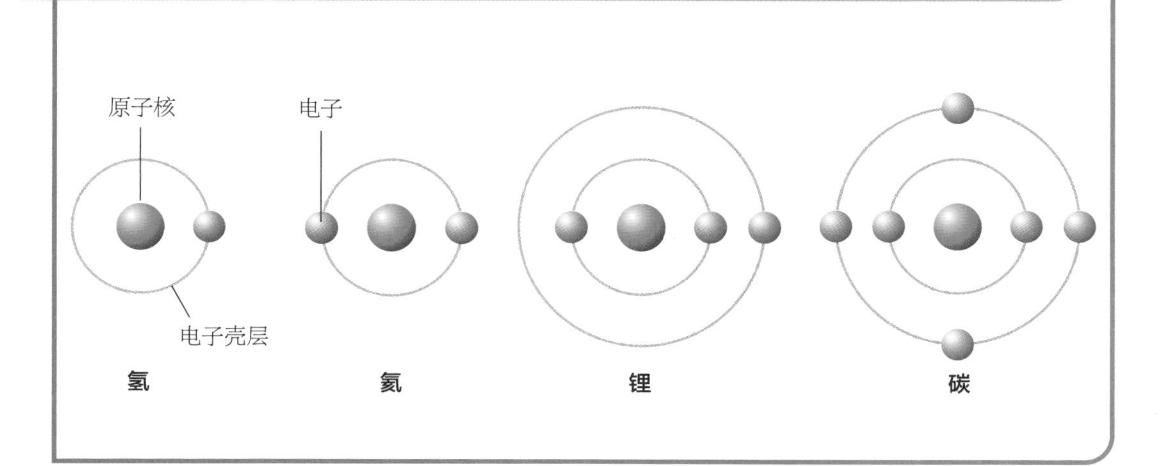

果电子从较高的能级一直移动到原子核附近的能级，那么光子会产生较高能量的辐射，如X射线。若电子所处的能级下降得比较少，那么其释放的能量也会比较少。

透过云层照射过来的光线是由微小的光子造成的。光子是环绕原子的电子改变其能级时产生的。

固定数量

原子中的能级是固定的，取决于原子的大小。电子只能在能级之间移动，且它们不能只移动半个能级，因此，当电子从高能级移动到低能级时，它们会释放出光子，并释放出能量。释放出的能量的量就被叫作"量子"（quantum）。量子是指固定数量的能量。原子不可能释放半个量子，这一事实构成了量子物理学的基础。量子物理学是研究支配原子的力的科学分支。

由于一种原子只能释放一定数量的能

光子

当原子以热或光的形式接收能量时，其内部壳层（a）中的电子被提升到高能级（b）。当电子耗尽了允许它移动到更高能级的能量时，它就会恢复到最初的状态（下降到最初的能级）（c），并发射出光子（d）。

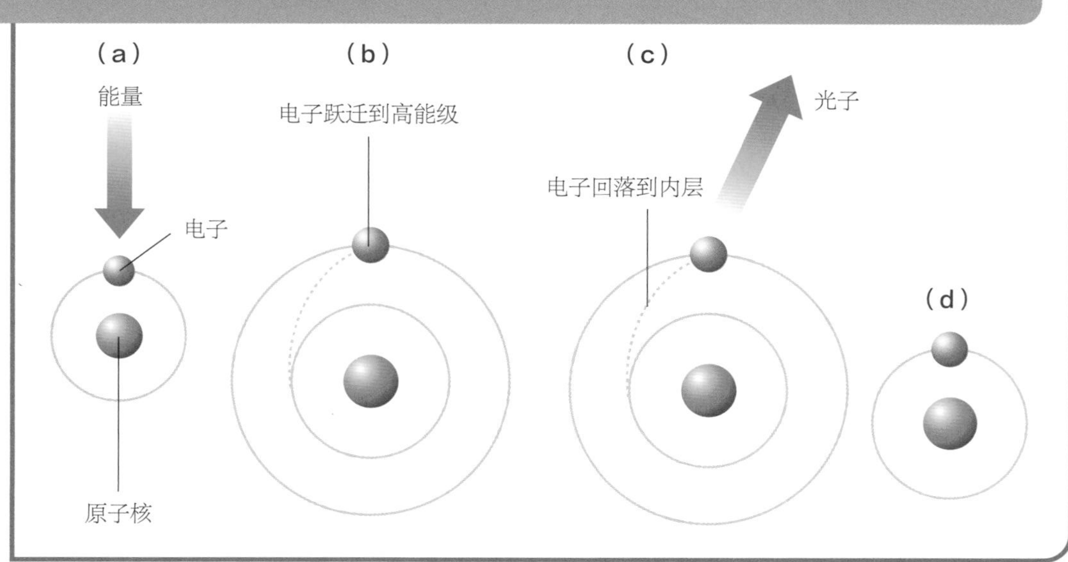

量，因此化学家可以通过它们产生的光来识别元素。元素在被加热时或燃烧时会产生光和其他辐射。钾燃烧时会产生淡紫色的火焰，而镁燃烧时则会产生耀眼的白色火焰。每种元素均会产生独特的颜色光谱，从而使化学家可以通过光谱来识别元素。

化学行为

原子中的电子参与化学反应。当原子与其他原子反应时，它们失去、获得或与其他原子共享电子。电子间的相互作用将原子结合在一起形成分子。有些元素比其他元素更容易反应和形成化合物。元素的化学反应性取决于原子核周围的电子的排列方式。电子的排列方式控制着原子失去、获得或共享电子的难易程度。

电子排列

参与化学反应的是原子最外电子壳层上的电子。当最外电子壳层饱和时，原子是最稳定的。大多数元素原子的最外电子壳层是不饱和的。锂原子的最外电子壳层上只有1个电子，还可以容纳7个电子。氯原子的最外电子壳层上有7个电子，还可以容纳1个。原子参与化学反应，使其最外电子壳层变得饱和。原子可以失去电子，或者从其他原子那里获得电子，或者与其他原子共享电子，从而使它们的最外电子壳层变得饱和，使原子变得稳定。例如，锂原子在反应过程中会失去最外电子壳层上的那个电子，从而失去其整个第二壳层，使第一壳层变成了最外层。这个壳层有两个电子，是饱和的，非常稳定。另一方面，氯原子在反应时获得电子来使其最外电子壳层饱和，从而使原子变得稳定。

科学词汇

电磁辐射： 物质内部分子、原子或电子产生各种能级跃迁从而向外发射电磁波的物理现象。电磁波的频谱包括γ射线、X射线、紫外线、可见光、红外线、微波和无线电波。

光子： 一种粒子，通常以光的形式携带一定的能量。

烟花

烟花含有少量的炸药，爆炸时会产生各种颜色的光。这些颜色是由混合到炸药中的化学物质产生的。

点燃烟花后，这些化学物质中的原子相互反应或与空气反应，并以彩色光线的形式释放能量。光线的颜色取决于烟花中的元素。如果烟花中有含钾化合物，它就会产生紫色的光线；如果烟花含有锂原子，就会产生红色光线；而若含有铜和钴等金属元素，则会产生蓝色光线。

橙色表明烟花中可能含有钠。钠燃烧时会发出橙色的火焰。

反应和成键

化学反应可以把一种物质变成另一种物质。在化学反应过程中，原子以新的方式相互连接，生成新的化学键，从而形成新的物质。

将两种或两种以上的物质在适当的条件下混合在一起，就有可能发生化学反应。参与反应的物质称为“反应物”。在反应过程中，反应物的原子相互分离并重新组合，形成一个或多个新物质。化学家称这些新物质为“生成物”。反应物可能是含有一种元素的原子的单质，也可能是由不同类型原子组成的化合物。生成物可以是单质，也可以是化合物。反应过程中不会产生新的原子，原子也不会凭空消失，只是重新组合了。反应物中原子的数量和生成物中原子的数量是相等的。

化学家用化学方程式来表示化学反应。化学方程式表明了反应物、生成物和反应条件，各物质前的化学计量数还反映了反应物、生成物之间量的关系。煤在空气中燃烧是一个简单的化学反应。煤主要是由碳元素组成的。碳（C）与空气中的氧气（O_2）反应，生成二氧化碳（CO_2）。用化学方程式来表示这种反应是：

$$C + O_2 = CO_2$$

打破和制造

碳与氧的反应会放出大量的热和光。自古以来，人们就把煤作为燃料燃烧，因为煤燃烧时会释放出很多热量。然而，有些反应并不产生热量，反而需要在加热条件下才能发生。例如，碳酸钙（$CaCO_3$）被加

植物的光合作用是最重要的化学反应之一。植物利用太阳的能量将水和二氧化碳变成糖和氧气。

热时，会分解为氧化钙（CaO）和二氧化碳（CO_2）。然而，如果没有加热，这个反应就不会发生。此反应的化学方程式为：

$$CaCO_3 = CaO + CO_2$$

反应会产生热量（放热）还是会吸收热量（吸热），取决于反应物和生成物中的化学键。这些化学键使原子结合在一起。在化学反应过程中，反应物中的一些化学键被打破，形成新的化学键，从而形成生成物。

反应需要能量来打破化学键，当新的化学键形成时，能量就会被释放出来。

破坏化学键的能量和形成新化学键时释放的能量通常是不相等的。当一个反应完成后，如果新化学键形成时释放的能量比打破旧的化学键需要的能量多，那么该反应就会以热和光的形式释放出多余的能量。如果新化学键形成时释放的能量比破坏旧化学键所需的能量少，那么该反应就需要额外的能量才能发生。

成键

原子可以通过多种方式结合在一起。化学键主要有三种类型——离子键、共价键和金属键。原子成键的方式取决于它们最外电子壳层上有多少电子。有些原子间会形成很强的键，需要很高的能量才能打破这些键。这是因为它们是由两个化学反应性很强的原子结合产生的。原子的化学反应性取决于其电负性的大小，电负性是衡量一个原子对其电子和对其他原子的电子的吸引力的参数。如果一个原子的最外电子壳层上只剩下几个空缺，这个原子就会强烈地吸引其他原子的电子。非金属元素的原子通常具有很大的电负性。氟是电负性最大的元素。它的最外电子壳层只需要再增加一个电子，就可以变得饱和，所以它强烈地吸引其他原子的电子，这使得氟很容易与其他元素发生反应。

电负性极小的元素也可以具有很强的化学反应性。这些元素原子的最外电子壳层上只有几个电子。这种元素通常是金属元素。它们对最外电子壳层上电子的吸引力很小，这使它们具有正电性。正电性最大的元素，如铯和钫，在它们的最外电子壳层上只有一个电子，它们很容易失去这个电子，从而变得稳定 。

试试这个

很有趣的气泡实验

你可以使用家中常见的两种化合物来做化学实验。这个化学反应很容易，也很安全。把一些醋（乙酸）倒入在一个透明的玻璃杯里，再往其中加入一勺小苏打（碳酸氢钠）。这两种化合物便会开始反应。碳酸氢钠与乙酸反应生成三种新的化合物——乙酸钠、水和二氧化碳。水和乙酸钠在玻璃杯中形成溶液，而二氧化碳会形成气泡逸出。

离子键

当具有电负性的原子和具有正电性的原子反应时，它们会形成离子键。离子是带电的原子。带正电荷的离子是失去一个或多个电子的原子。原子获得电子后变成负离子。离子电荷的大小取决于它失去或获得了多少电子。例如，氯（Cl）原子获得一个电子变成氯离子（Cl^-），而钙原子失去两个电子变成钙离子（Ca^{2+}）。带电荷的物质被带有相反电荷的物质吸引。这种吸引力能使电

安托万·拉瓦锡

法国科学家安托万·拉瓦锡（Antoine Lavoisier，1743—1794）是现代化学的奠基人之一，他发现了氧元素，还证明了在化学反应中，原子不会凭空产生，也不会凭空消失，只能简单地重新排列形成新的化合物。拉瓦锡进行了大量的实验，仔细地称量了反应物的质量和所有生成物的质量。结果表明，在反应前后，反应物和生成物的总质量是一样的。这就是质量守恒定律。拉瓦锡出生于巴黎的一个贵族家庭。他用自己的收入来资助他的研究工作。1789 年法国大革命后，拉瓦锡被指控从事反革命活动，并被定罪。

子绕着原子核旋转。正是这种吸引力把阳离子和阴离子结合在一起，形成了离子键。

共享电子

有些元素的原子既不是正电性的，也不是电负性的，这是因为它们最外电子壳层上的电子数量为其饱和时的一半。这样的原子失去或获得一样多的电子，均能拥有一个完整的最外电子壳层。

例如，碳原子的最外电子壳层上有四个电子，要变得稳定，碳原子有两种选择：可以从其他原子那里得到四个电子，也可以失去它最外层的四个电子。但是，两者都不太可能实现，因为都需要大量的能量。所以，碳和其他原子通过共享电子来得到一个

离子键

普通食盐（氯化钠）是由离子键连接在一起的化合物。当离子键形成时，钠原子失去最外电子壳层上的一个电子，变成带正电荷的钠离子（Na^+）。失去的这个电子向氯原子移动，并占据氯原子最外电子壳层上最后的空位，使氯原子成为带负电荷的氯离子（Cl^-）。这两种离子所带的电荷相反，因此会相互吸引，从而使两种离子结合在一起。

钠（Na）原子

氯（Cl）原子

最外电子壳层上的电子

空位

钠离子（Na^+）

氯离子（Cl^-）

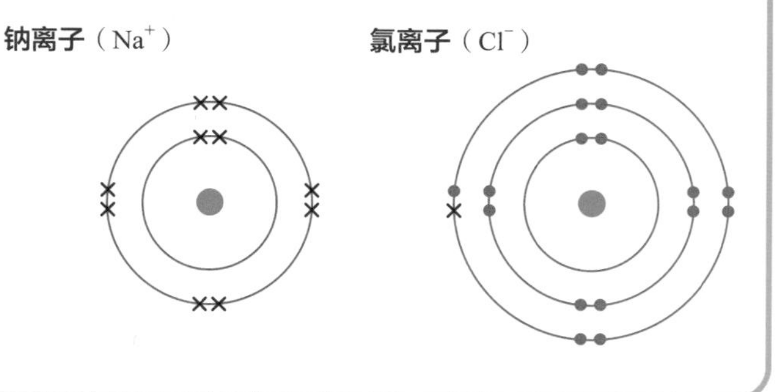

完整的最外电子壳层。

共享电子位于两个原子的最外电子壳层中，这就是所谓的共价键。每个共享的电子都被两个原子的原子核所吸引。这种吸引力把原子结合在一起。

一个共价键涉及两个被共享的电子。有些原子一次可以形成多个共价键。一个碳原子可以与其他四个原子同时形成四个共价键。有时，两个原子共用两对电子（四个电子），这样形成的键叫作“双键”。碳原子甚至还可以形成三键。

金属键

金属大多数是坚硬的固体，可以弯曲或拉伸而不会断裂。它们的导热和导电性能良好。这些特性是由金属元素原子的结合方式决定的。

金属元素原子之间的键被称为“金属键”。金属键是指金属元素原子共用其部分或全部外层电子而形成的化学键。大多数金属元素的原子只有一个或两个外层电子，只有一些金属元素（如铅、铋和锡）的原子，拥有较多的外层电子。当金属元素的原子聚集在一起时，每个原子的外层电子都试图从原子中挣脱出来。这些自由电子形成了一片“电子海洋”，可以自由移动，并被所有的原子共享。金属元素的原子内带正电荷的原子核会被周围带负电荷的“电子海洋”吸引。这种吸引力使金属的原子固定在一起。

分子间键合

离子键、共价键和金属键将原子结合在一起。然而，还有其他的力使原子和分子结合在一起，但大多数很弱。例如，电子的随机运动会产生微小的作用力。原子或分子中的电子一般是均匀分布的，然而，它们是不断移动的，有时会偶然地同时聚集在一个地方。这使得原子或分子的一端带负电荷，而另一端带正电荷。这些电荷存在的时间很短，但是它们会产生吸引力或斥力，从而对周围的原子产生影响。

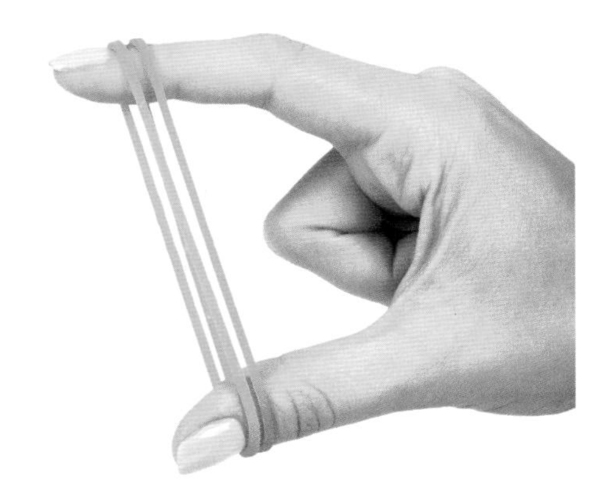

橡皮筋里的原子结合成长的、卷曲的分子。它们通过共价键相互连接。当橡皮筋被拉伸时，长的、卷曲的分子就会展开，直到共价键阻止其进一步拉伸。橡皮筋上的张力会使共价键断开，从而导致橡皮筋断裂。

这些力就是分子间力，被称为“范德瓦耳斯力”，是以荷兰物理学家约翰内斯·范德瓦耳斯（Johannes van der Waals，1837—1923）的名字命名的。他首先认识到了这些力的重要性，并阐述了它们对气体和液体行为的影响。大分子比小分子产生的范德瓦耳斯力更强，因此大分子的熔点和沸点比小分子的高。尽管范德瓦耳斯力很小，但它们将分子结合在一起，使它们之间的键更难断开。

偶极吸引

有些分子的末端总是带有电荷。这些带电区域被称为“偶极”。当分子中一个原子

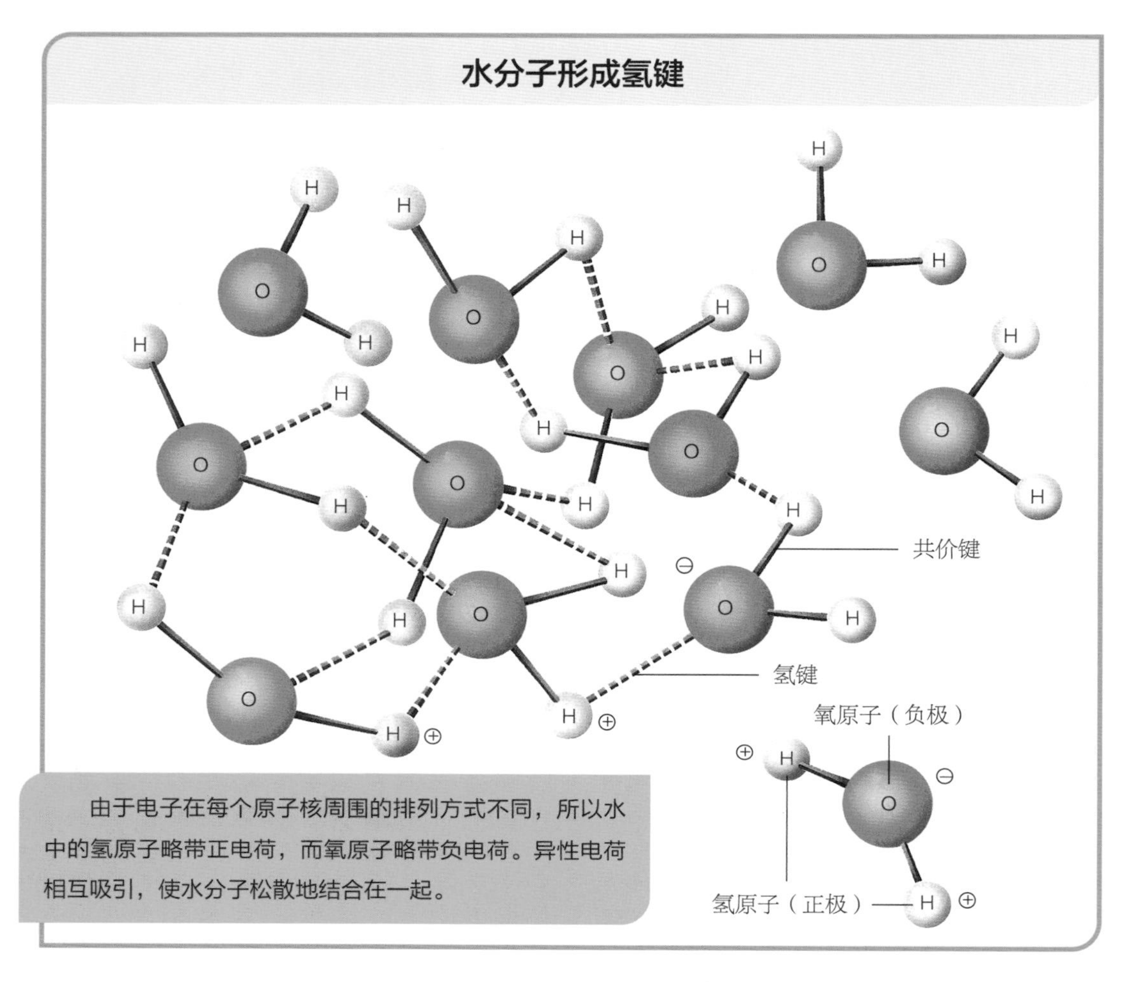

的电负性大于其他原子的电负性时，就会产生偶极。因此，分子中所有的外层电子都被那个原子所吸引，导致更多的电子聚集在那一端，使得那一端带上负电荷，另一端带上正电荷。

带电荷的偶极被附近分子上带相反电荷的偶极所吸引。偶极使分子相互吸引，从而使它们以一种重复的模式排列，即带相反电荷的偶极彼此相邻。

氢键

氢键就是偶极吸引的一个例子。顾名思义，这些键总是和氢原子有关。氢与电负性大的元素（如氟）结合时，就经常会形成一个正极。氢原子唯一的电子被另一个原子拉走了，导致氢原子只剩下带正电荷的原子核。水就是产生氢键的化合物之一。水分子中的氧原子把电子从氢原子那里拉走了，使得氧原子带一点负电荷，氢原子带一点正电荷。带正电荷的氢原子被另一个水分子的负极吸引，从而形成氢键。

水分子中的氢键保证了水在地球表面正常情况下呈液态。如果没有这些键，水分子之间就不会这么紧密地结合在一起，水的沸点也就会低得多，那么在正常情况下，水就变成了气体。

漂浮的冰

水是一种不寻常的物质。大多数物质会热胀冷缩。然而，水变成冰时体积会变大，因此，冰的密度比水小。这就导致了池塘和河流中的水总是自上而下结冰，也使得巨大的冰山可以漂浮在海面上。由于氢键的存在，同等质量的冰的体积比水的大。当水结冰时，这些化学键迫使分子形成间隔很宽的晶体结构。当冰融化时，氢键的作用减弱，氢键不断地断裂和重新形成，使得分子相互混合得更紧密，体积也随之变小。

分子的形状

电子会在分子之间产生微弱的作用力，而它在分子中的位置也会影响分子的形状。异性电荷相互吸引，同性电荷相互排斥。分子中的电子互相排斥，它们之间的距离越远越好。原子最外电子壳层上的电子会以相等的力互相排斥。然而，当一个电子被另一个原子共用以形成化学键时，这个电子就不能强烈地排斥其他电子了。因此，共享电子对经常被另一对未成键的电子推开。外层电子的不均匀分布会影响分子的形状。双原子分子，如氯气（Cl_2）分子，总是形成一条直线，可以被认为是一个小型哑铃。然而，当分子中的化学键超过一个时，分子的形状就会变得更加复杂。

甲烷分子的中心有一个碳原子，四个氢原子连在碳原子上。碳原子的最外电子壳层上有四个电子，每个电子都和一个氢原子形成一个共价键。因此，所有的电子对都是相同的，它们以相等的力互相排斥。其结果是甲烷分子形成了一个类似于金字塔的四面体结构。

然而，水分子是由未成键电子的作用力形成的。每个分子由两个氢原子和一个氧原子通过共价键连接而成。这个分子不是直线的，而是弯的，两个氢原子都在氧原子的同一侧。这是因为水分子化学键中的两对共享电子被氧原子的其他六个电子所排斥。

原子也可以形成具有复杂形状的分子。碳原子可以形成六边形和五边形交替连接的球形分子。这些分子被称为“富勒烯”。因为美国工程师和建筑师巴克敏斯特·富勒（Buckminster Fuller，1895—1983）设计了与这些碳分子结构相同的穹顶，所以科学家以他的名字命名了这种分子。碳也可以形成六边形的薄片，然后卷起来形成空心管。

放射性

原子弹利用了放射性元素的不稳定性。这些元素发生爆炸，释放出大量的能量，同时还有看不见但致命的辐射。

有些元素是不稳定的。它们的原子衰变并以辐射的形式释放能量。这个过程叫作“放射性衰变”。

原子核不稳定的原子被认为是有放射性的原子。原子核是由带正电荷的质子和不带电荷的中子组成的。带相同电荷的粒子相互排斥，质子也是如此。然而，质子在原子核中保持在一起，而不会被强迫分开，是因为有一种更强的吸引力使质子和中子结合在一起。当这种强大的力不能使质子和中子保持在一起时，原子就具有了放射性。

在放射性原子的原子核内部，质子与中子的比例使得强大的力很难将粒子结合在一起。最终，少量的原子核脱离原子而逃逸。这个过程就是放射性衰变。放射性衰变是核反应的一种。核反应不同于化学反应。化学反应只涉及原子中的电子，而核反应会引起原子核的变化。放射性元素通常是那些原子很大的元素，这些元素原子的原子核中有许多粒子，因此它们比更小的原子更不稳定。例如，铀原子的原子核中有234 ~ 238个粒子。铀是最常见的放射性元素之一，自然存在的且具有放射性的元素还包括铋、

辐射类型

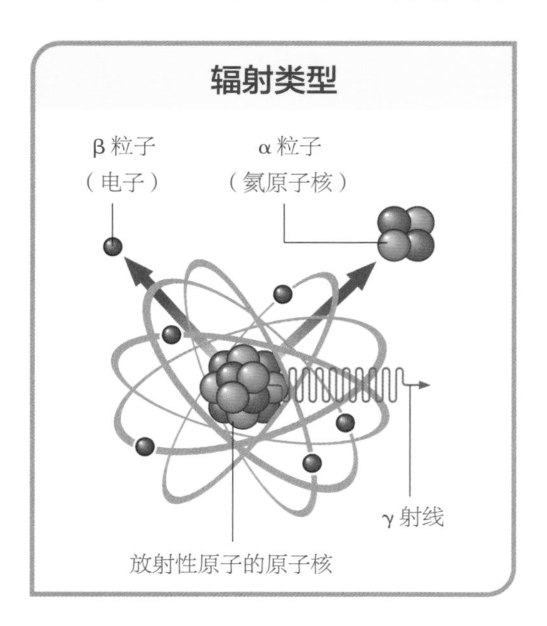

钋、砹、氡、钫、镭、锕、钍和镤。

然而，有些元素的一些同位素是具有放射性的。同位素是那些原子序数相同，但原子质量不同的原子的总称。氚是氢的稀有同位素之一，具有放射性。具有放射性的同位素被称为“放射性同位素”。放射性同位素不像稳定元素那么常见，例如，每一万亿个碳原子中只有一个是放射性同位素碳-14，其他的都是稳定的碳-12。

辐射的类型

放射性原子会产生3种类型的辐射，分别是α粒子、β粒子和γ射线。大多数核反应要么释放一个α粒子，要么释放一个β粒子，但所有的核反应都会产生γ射线。α粒子含有两个质子和两个中子，这和氦原子的原子核是一样的，所以α粒子通常被写成$^{4}_{2}He$，4是指原子质量数（中子数和质子数的总和），2是指原子序数（质子数）。因为α粒子中没有任何电子，所以它们所含的质子使它们带正电荷。

大多数β粒子是快速移动的电子。它们带负电荷，就像绕原子核旋转的电子一样。不稳定原子核中的中子分解成质子的同时，会释放一个电子，即β粒子。质子比中子略小，剩下的物质会以电子的形式飞走。γ射线是电磁波的一种。电磁波还包括光、热、无线电波和X射线。然而，γ射线的能量比任何其他类型的电磁波都要多。一些核反应也会产生X射线。

辐射的危险

所有由放射性物质产生的辐射都是危险的。α粒子和β粒子是带电的，可以从其他分子中剥离电子。这个过程被称为“电离”。如果辐射粒子进入人体，它们就会破坏细胞内的复杂分子，导致体内的细胞死亡

居里夫妇

出生于波兰的居里夫人（Marie Curie，1867—1934）和她的法国丈夫皮埃尔（Pierre Curie，1859—1906）都是物理学家。他们是放射性研究的先驱，甚至还创造了“放射性”这个术语。尽管在1898年开始工作时，人们已经知道以X射线形式存在的辐射，但没有人真正知道它们来自哪里。居里夫妇发现，铀矿物释放出的辐射强度取决于化合物中铀原子的数量。他们研究了一种叫作“沥青铀矿”的矿物，发现其中的含铀化合物会产生比预期更多的辐射。这表明矿物中肯定还含有其他放射性元素，他们成功地确定了其中的两种：钋（以居里夫人的祖国波兰命名）和镭。居里夫妇因他们的放射性研究工作而获得了1903年的诺贝尔物理学奖。居里夫人还因发现镭和钋而获得了1911年的诺贝尔化学奖。在他们做实验的时候，没有人知道放射性会对健康造成影响。居里夫人最后死于辐射引起的白血病。她的笔记本上的放射性，至今仍无法处理。

科学词汇

电磁波谱：包括光、热和无线电波在内的能量波的范围。

电离：中性原子或分子在热、电、辐射及溶剂分子的作用下产生离子的过程。

辐射：放射性元素产生的α粒子、β粒子和γ射线。

反物质

一些粒子带正电荷。它们的大小和电子相同，所带的电荷大小也相等，但是电性相反。这样的粒子被叫作“正电子”。科学家把正电子这样的粒子定义为反粒子。完全由反粒子构成的物质就是反物质。当物质和反物质相遇时，双方就会相互湮灭抵消，释放出γ射线。反物质粒子的寿命非常短暂。原子核中的质子变成中子时，就会产生正电子。

或以其他方式出错，例如，导致细胞以不受控制的方式生长，从而在体内产生肿瘤。α粒子的辐射能量最大，造成的伤害也最大。不过，让它们停下来也很容易，因为它们不能轻易穿过固体，用一张纸或一件衣服就可以挡住它们。β粒子比α粒子小得多，因此可以穿透固体。进入体内后，它们造成的伤害比α粒子要小，因为它们太小了。一块薄的金属片就可以阻挡β粒子。

γ射线比其他类型的辐射更具穿透力，可以穿透衣服、金属板和大多数其他物体。只有厚厚的铅板才能完全阻挡γ射线。然而，γ射线进入人体后，只有一小部分会被人体组织吸收，大部分则直接穿透人体，不会造成任何影响。

原子核衰变后，它所包含的质子数就会发生变化。如果核反应释放了一个α粒子，那么原子核中就会少两个质子。如果核反应释放了一个β粒子，那么一个中子就会变成一个质子，原子核中就会比以前多1个质子。在这两种情况下，核反应改变了原子的原子序数，生成了一种新的元素。例如，最常见的铀同位素铀-238，它的原子序数是92，在衰变时释放一个α粒子。它失去了两个质子，变成了原子序数是90的钍。钍也是放射性元素。钍原子衰变时，释放出一个β粒子，结果是原子核失去一个中子，但得到一个质子，从而生成了原子序数为91的镤。

放射性粒子的穿透能力

不同的放射性粒子的穿透能力是不同的，必须使用不同厚度的材料来阻挡它们。

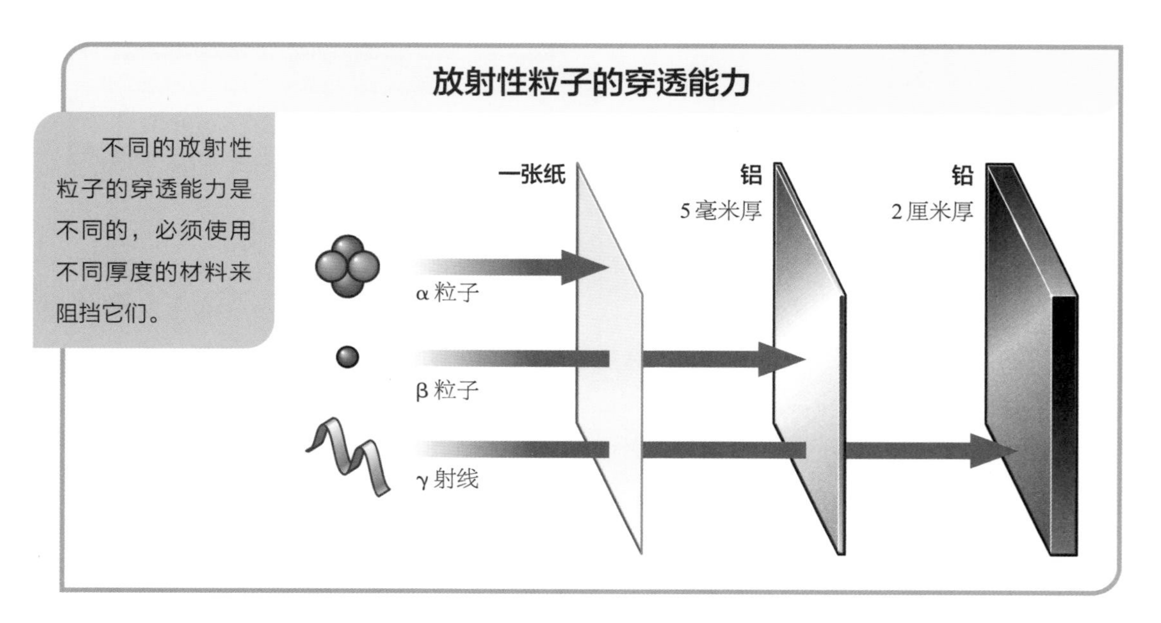

上图为医疗中心用来生产放射性核素的机器。放射性核素是指具有不稳定原子核的元素，可以用于疾病的诊断和治疗。

衰变链

在上面放射性衰变的例子中，一个放射性原子衰变成另一个放射性原子。可能要经过多次核反应，一个放射性原子才能衰变成稳定的原子。一系列核反应产生了几种不同的元素，这一过程叫作“衰变链”。

例如，铀-238的衰变链总共包含14种其他同位素，最终生成稳定的铅-206。

地球上最常见的天然存在的放射性元素是钍和铀，一般存在于世界各地的岩石中。其他的放射性元素大多是由钍和铀衰变产生的。

氡和钫是两种更稀有的放射性元素。氡是放射性元素中唯一的气体，而钫是最活泼、最稀有的金属。氡和钫比钍和铀更不稳定，半衰期更短。

半衰期

半衰期是仅含一种放射性核素的样品的放射性活度降至其初始值一半所需要的时间。假设某个元素的半衰期为一年，最开始这种元素有800个原子，一年过后，只剩下400个原子。再过一年，原子衰变一半，只剩下200个。第三年之后，只剩下100个原子。衰变会一直进行，直到所有的原子都衰变完全。

钍和铀这两种放射性同位素相对稳定，半衰期很长。钍-232的半衰期为140亿年，而铀-238的半衰期为45亿年。元素越不稳定，半衰期越短，这是因为它们非常罕见，所以它们存活的时间也不长。钫有多种同位素，半衰期最长的也只有22分钟。化学家认为，地球上钫的总量在任何一个时间点都不到28克。有些同位素甚至更不稳定，其半衰期仅为百万分之一秒。这些同位素持续进行放射性衰变，直到达到稳定状态。

人造元素

目前科学家已在地球上发现了94种天然存在的元素，其中11种是有放射性的。此外，一些元素，如碳，也有放射性同位素。科学家们还制造出了人造元素，这些元素都有放射性。他们通过用较小的离子轰击较大的天然元素来达到这个目的。原子和离子相互高速碰撞，以至于它们合并生成了更大的新的人造元素。

大多数人造元素比铀重。许多人造元素是以著名科学家的名字命名的，如𨭎（106）以美国化学家格伦·西博格（1912—1999）的名字命名。西博格帮助制造了包括钚（94）、镅（95）、锫（97）、锎（98）和钔（101）在内的新元素。这些元素的半衰期都很短。2016年，鉨（113）、镆（115）、鿬（117）和鿫（118）被添加到元素周期表中。

物质的三种状态

我们周围的一切都由物质构成。一般来说，物质要么是液体，要么是固体，要么是气体。然而，物质可以从一种状态变为另一种状态。

所有的物质都是由叫作“原子”的微小粒子构成的。当两个或两个以上的原子结合时，它们就形成了分子。原子和分子以不同的方式结合可以形成物质的三种状态——固体、液体和气体。这些状态被称为“物态”。“相”是指一种特定物质存在的状态。水是一种大家都很熟悉的物质，通常以固相（冰）、液相（水）和气相（水蒸气）的形式存在。

这是一张由哈勃空间望远镜拍摄的鹰状星云。这些棕色的柱子是由气体和尘埃组成的，而这些气体和尘埃又由微小的原子组成。

固体、液体和气体

固体是具有一定形状和体积的物质。体积是指固体、液体或气体所占的空间。在固体中，粒子的排列主要有两种方式——整齐有序的排列或随机排列。粒子排列整齐有序的固体被称为“晶体”。常见的例子有金属、钻石、冰和食盐。粒子随机排列的固体被称为“无定形固体”。它们通常为玻璃状或橡胶状，常见的例子有蜡、玻璃、橡胶和塑料。在所有的固体中，粒子紧密地堆积在一起，所以固体不容易被压缩，无法通过挤压使它们的体积变得更小。

与固体一样，液体也有一定的体积。但与固体不同的是，它的形状与被倒入的容器的形状相同。液体是一种流体——一种分子可自由运动的物质。与固体一样，液体中的粒子靠得也很近，这使得液体很难被压缩。

气体的形状和体积很容易改变。与液体一样，气体也是一种流体。气体中的粒子迅速扩散，填满了所有可用的空间。由于气体粒子之间有很大的距离，所以气体很容易被压缩以减小体积。

动力学理论

动力学理论用粒子的运动来描述物质的特性。所有物质中的粒子都在不断运动。这种运动的能量被称为“动能”。在固体中，粒子紧密地堆积在一起，它们的运动受

科学词汇

布朗运动：因介质分子热运动引起的分散相粒子的无规则运动。

动能：运动粒子的能量。

动力学理论：用粒子的运动来描述物质性质的理论。

限于振动。在液体中，粒子之间的距离通常更大，它们可以振动，也可以自由移动。在气体中，粒子相距很远，可以高速地随机运动。

根据动力学理论，一个粒子运动得越快，它拥有的能量就越多。这种能量以热的形式被我们体验到。带有快速运动粒子的物体，能量很大，所以我们感觉物体很热。动力学理论解释了把热液体倒进杯子里后，为什么杯子会变热——因为热液体中的粒子在快速运动，当液体中的粒子撞击杯子表面时，能量便从液体传递到了杯子上，然后，杯子里的粒子开始振动，而当我们拿起一个杯子时，杯子里粒子的能量传递到了我们的手上，我们便感觉到了热。

布朗运动

液体分子的运动是由苏格兰植物学家罗伯特·布朗（Robert Brown，1773—1858）在1827年发现的。他观察到新鲜花粉粒在水中随机移动。然后，布朗使用已经死亡了100多年的谷物来进行实验。他发现，它们仍然是随机移动的，这证明这种运动不可能来自谷物本身。为了纪念他，科学家们把这种运动称为“布朗运动”，现在人们知道它是由快速运动的水分子与花粉粒造成的。这就是悬浮在液体中的微小颗粒会在整个液体中均匀分布的原因。类似的行为也发生在气体中。

试试这个

布朗运动

1. 往一个高脚杯里倒满水，让它静置几个小时。
2. 向水中加入一两滴食用色素，观察它是如何扩散的。由于与水分子的碰撞，食用色素在水中慢慢扩散。这种运动受到温度的影响。如果在更高的温度下重复做这个实验，食用色素就会扩散得更快。在较低的温度下时，它扩散得慢一些。

加几滴色素到水里。在添加色素前确保水已经沉淀了几个小时。

将杯子放置大约30分钟。等你回来的时候，你会看到食用色素已经在水中扩散开了。

分子内的力

原子并不是物质中最小的粒子。它们

成键

将原子结合在一起的离子键和共价键是作用力最强的两种键。当一个原子把一个或多个电子给一个试图填满最外电子壳层的原子时，就会形成离子键。两个或多个原子共同使用它们的外层电子，使它们的最外电子壳层达到饱和，此时它们之间就形成了共价键。

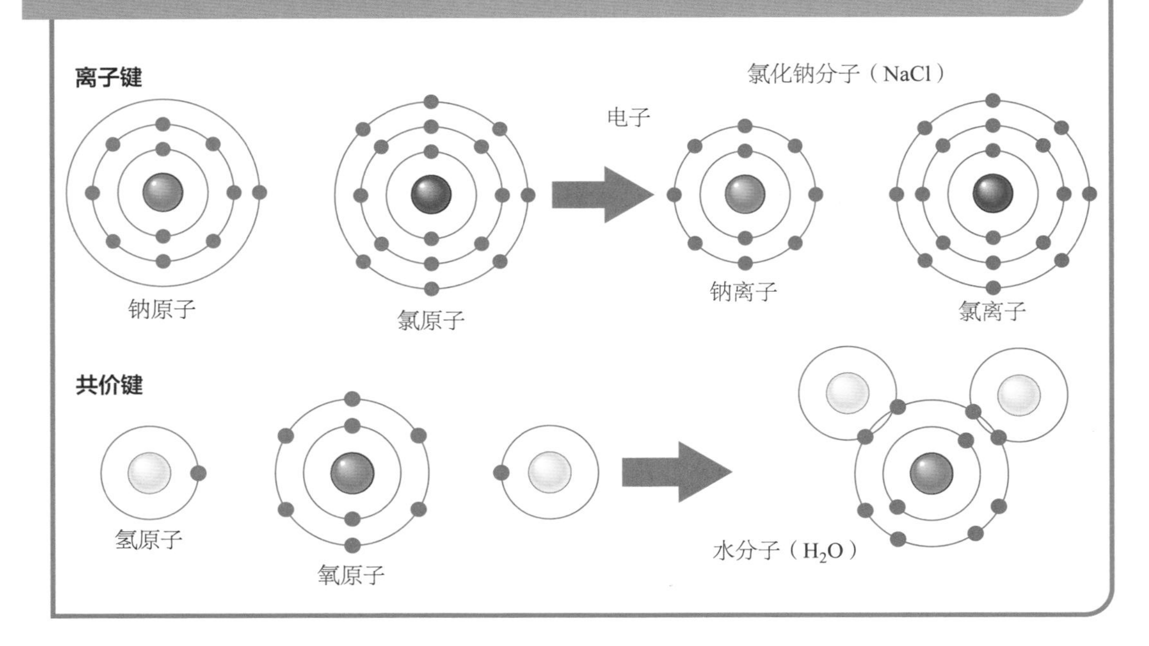

是由更小的粒子——质子、中子和电子——组成的。

原子的中心叫作“原子核”，由质子和中子组成。电子沿着轨道围绕原子核旋转。

电子和质子都带电荷。电子带负电荷，质子带正电荷。因为它们的电荷相反，所以电子和质子会相互吸引。吸引力将电子固定在原子核周围。原子组合成分子的力与这些吸引力相同。

使分子中的原子结合在一起的力叫作“分子内力”。分子内力主要有三种类型，分别是共价键、离子键和金属键。在离子键中，一个原子把它的电子给了另一个原子。在共价键中，原子共享电子。在金属键中，电子在原子之间可以自由移动。作用于分子之间的力叫作“分子间力”。这些力决定了一种物质是固体、液体还是气体。

分子间力

分子间力使分子聚集在一起。与分子内力相比，分子间力较弱。事实上，分子间力的大小只有分子内力的15%左右。分子间力也主要有三种类型：取向力、色散力和氢键。所有这些力都涉及部分电荷。电荷是由分子中电子和原子核的排列引起的。有时电子的排列使原子核部分暴露，从而产生少量的正电荷。与此同时，电子聚集在一起，产生了少量负电荷。正是这些电荷之间的吸引力使分子结合在了一起。

当物质沸腾时，组成物质的粒子有足

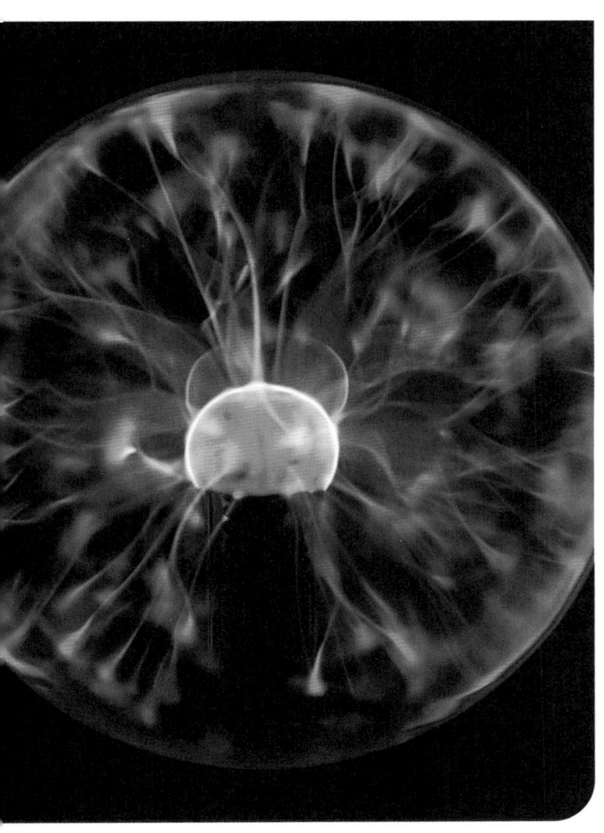

等离子体通常被认为是物质的第四种状态。等离子体是自由移动的带电粒子，如电子、离子，以及失去或获得一个或多个电子的原子。当电子从原子中剥离出来时，等离子体就形成了。我们可以在等离子体球中看到这种物质状态的影响。

够的动能来克服分子间力。沸腾是粒子获得足够能量从液体中逃离的过程。物质的沸点越高，其分子间力就越强。

氢键

氢键是一种很强的分子间力。水分子是由氢键连接在一起的。水分子总体上是不带电的，它们的电子数与质子数相等。然而，水分子中的特定位置有部分电荷，这些电荷被另一个水分子上的相反电荷强烈吸引。因此，水分子需要更大的能量来提供足够的动能，才能克服氢键的力量。因此，水的沸点比较高。

水的高沸点并不是它唯一不寻常的特性。冰（固态的水）可以漂浮在水中。同一种物质的固态很少可以漂浮在其液态中，而冰是个例外。这是因为当它变成固体时，氢键把水分子分开，而不是像在其他固体中那样让它们靠得更近。这使得冰的密度比水的低，所以冰能浮起来。冰的密度并不比水低多少，所以冰只有一小部分会浮出水面，就像我们看到的冰山那样。

改变状态

固体受热时，其原子迅速振动，温度升高。在一定的温度下，固体开始熔化。能量越多，熔化的固体越多。最终，所有的固体都会熔化——固体变成了液体。如果再给予更多的能量，液体的温度就会升高。同样，在一定温度下，液体开始变成气体。继续给予液体更多的能量时，它的温度并不会继续升高，但更多的液体变成了气体。最终，所有的液体都会变成气体。如果继续增加能量，气体的温度就会升高。

气体及其性质

气体是不断运动的物质。它们受热量和压力的影响，这使得它们有许多不同的应用。

固体和液体很容易被看见，但气体通常是看不见的。300多年前，人们首先研究的气体是空气。那时科学家们并不知道空气是由许多不同的气体组成的。然而，他们最令人惊讶的发现之一是，尽管空气是一种混合物，但它的行为与纯气体相同。无论由原子构成，还是由分子构成，气体的行为都是相似的。因此，适用于一种气体的规则也适用于所有其他气体。

比较气体的行为，需要在相同的温度和压力下进行，这样的温度和压力状况被称为“标准温度和压力”（STP），简称标准条件或标准温压。在STP中，温度是用摄氏温标或开尔文温标来表示的。压力的测量单位叫作标准大气压。STP一般指0℃（或273K），1个标准大气压。在计算气体的温度时，科学家有时使用开尔文温标。开尔文温标上的零度是宇宙理论上可能的最低温度（-273℃）。

化学家经常以“摩尔”为单位来比较气体。1摩尔的任何物质都含有6.022×10^{23}个原子或分子。在STP下，1摩尔任何气体的体积均是22.4升。

该图为充满氦气的气球。氦原子每单位体积的质量比大多数其他气体的小。这使得它们比周围的空气更轻，所以充满氦气的气球会飘浮在空中。

气体的物理特性

所有的气体都有一系列的物理特性。以下6个特性是所有气体共有的：

1 所有气体都有质量。一个充满氦气的气球有质量，但它能浮起来是因为氦气的密度比周围空气的密度小。

2 气体很容易被压缩（被压缩到更小的体积，就像汽车轮胎中的压缩空气一样）。固体和液体不容易被压缩。

3 气体会扩散并填满所有可用的空间。在容器中，气体会扩散，直到它们均匀地分布在容器中。当你给气球充气时，气球内部的空气分布在整个气球中，而不会集中在气球的某一部分。

4 不同的气体很容易互相混合。气体扩散是指某种气体分子通过扩散运动进入其他气体里的现象。扩散实质上是气体粒子相互碰撞的随机运动。最终，气体粒子均匀地分散开来。扩散解释了为什么空气是气体的混合物。

5 气体会产生压力。汽车轮胎里的空气会产生压力。在汽车、飞机或电梯里，我们都会经历压力变化。当飞机快速上升时，你可能会感到耳朵里有响动。这是因为耳朵需要保持一个恒定的压力来保护耳膜。

6 气体的压力取决于它的温度。温度升高时，气体的压力增大；当温度降低时，气体的压力减小。在夏天非常炎热的地方，汽车轮胎可能会过度膨胀，这很危险。在冬季寒冷的地方，情况恰恰相反。

气体的这6个特性都可以用气体动理论来解释。利用这个理论，科学家们可以建立一个模型来解释气体的这些行为。

气体动理论

气体动理论可以解释气体的这6个特性。气体粒子比固体或液体粒子有更高的动能。气体粒子总是相互碰撞。可以把装满气体的容器想象成一个装满小橡皮球的大罐子，当你摇动罐子时，橡皮球会相互碰撞，并从罐子壁上弹回。然而，气体粒子有自己的动能，所以不需要摇晃容器。这些气体粒子的碰撞被称为“弹性碰撞”。在弹性碰撞中，气体不会损失任何能量。橡皮球没有弹性碰撞，它下落时会反弹，但每次反弹达到的高度都比前一次要低，因为在每次反弹过程中，都会有部分能量被转移。

由于气体粒子具有动能，所以它们会撞击容器壁，从而对容器壁产生压力。气体的特性之一是随着温度的升高，压力会增大，这是因为在更高的温度下，气体粒子移动得更快，所以与容器壁碰撞的次数也更多了。气体动理论可以概括为以下4点：

1 气体是由不断随机运动的分子组成的。

试试这个

泡泡会浮在空中还是会下沉？

1 在瓶盖上打个孔，孔的大小以刚好能塞进泡泡棒为宜。
2 在一个小碗里加入少量洗手液和水。
3 将泡泡棒浸入其中，然后取出泡泡棒，在空中挥舞泡泡棒。泡泡应该会浮在空中。
4 向瓶子中加入少量小苏打、水和醋，盖上盖子。这个反应会产生二氧化碳。
5 握住泡泡棒末端，将泡泡棒插入瓶中，浸入水中。此时，应该有足够的二氧化碳从泡泡棒中间逸出形成泡泡。观察二氧化碳气体形成的泡泡。它们应该会掉到地上，这是因为二氧化碳比空气重。

二氧化碳从泡泡棒中逸出，形成泡泡。泡泡下沉是因为二氧化碳比空气重。

扩散和渗出

有时气体粒子非常小，以至于每次只能有一个粒子穿过分子间的空隙。这一过程与扩散有关，但被称为“渗出”。以下说明了渗出是如何影响填充了不同气体的气球的。

氢气气球和氦气气球之所以能飘起来，是因为它们比空气轻。氧气比空气重，所以氧气气球不能飘浮。

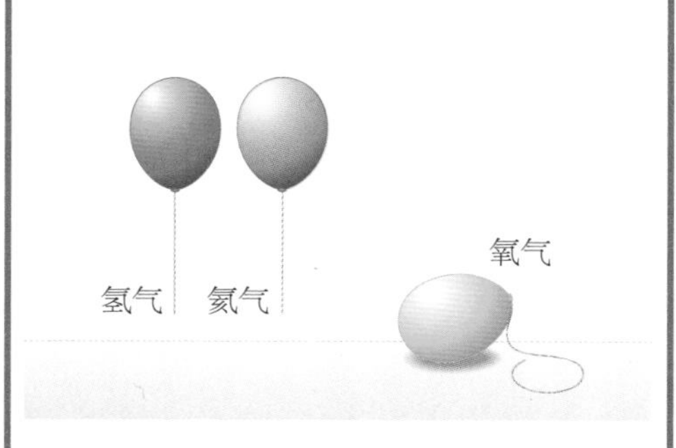

（a）氢原子很轻，运动很快，所以这个气球会先瘪。

（b）氦原子比氢原子稍重，所以这个气球泄气的速度会慢一些。

（c）氧原子比其他两种气体的原子大，渗出速度慢，所以这个气球将是最后一个泄气的。

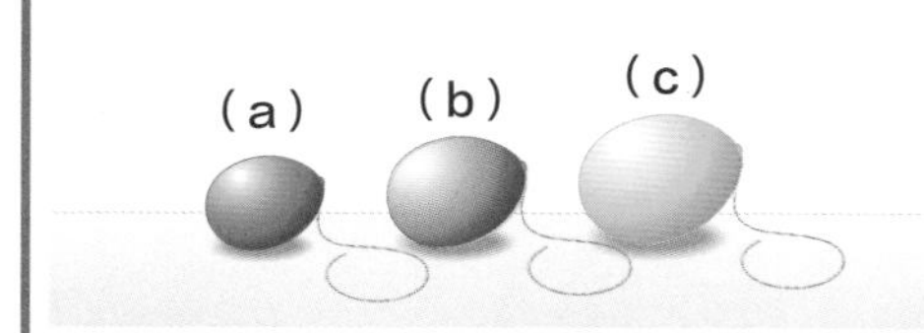

气体渗出的速度取决于其分子质量和分子运动的速度。较轻且运动较快的气体相比较重且运动较慢的气体泄露得更快。

2 气体分子只有通过碰撞才能相互影响。它们不会对彼此施加其他力。

3 所有气体分子之间的碰撞都是弹性碰撞；所有的动能都是守恒的，气体的总动能保持不变。

4 气体体积为气体分子所能达到的空间的体积，而气体分子体积很小，体积之和远小于气体体积，因此，气体所占空间的绝大部分是空的，气体分子在其中运动。

测量气体

科学家用体积、温度、压强和气体分子的数量这4个变量来描述气体，并预测当条件改变时气体的行为。

气体分子的数量（n）用摩尔表示。用气体的总质量（以克为单位）除以1摩尔气体的质量，便可得到被测样品中气体分子的数量。

气体的体积（V）等于容器的容积。气体的体积通常用升（L）来计量。

温度（T）通常用温度计来测量。压强（P）是粒子与容器壁碰撞次数的度量。

当科学家们在17世纪和18世纪开始研究气体时，他们发现，当某些条件发生变化时，所有气体的行为都是相似的。

通过观察和实验，他们最终总结出了一些描述气体行为的科学定律。这些科学定律被称为“气体定律”。气体定律可以用气体分子的数量、体积、温度和压强等变量通过数学方法来表示。

波意耳定律

17世纪，英国化学家和物理学家罗伯

潜水员潜得越深，受到的压力就越大。压力变大会迫使血液中的氮气溶解于身体组织中。如果他们快速上浮至水面，压力的突然变化就会导致氮气从溶解状态逸出，形成细小的气泡，这可能会导致一系列疾病甚至死亡。这就是潜水减压病。

特•波意耳（Robert Boyle，1627—1691）注意到空气可以被压缩。他将空气密封在管子里，做了一系列实验。在增大或减小压强时，他发现空气的体积发生了变化。他的实验表明，气体的压强和体积之间存在着数学关系。他将这种关系表述为：

$$P_1V_1 = P_2V_2$$

通过这个公式我们可以看出，气体的初始压强（P_1）乘以初始体积（V_1）等于气体的最终压强（P_2）乘以它的最终体积（V_2）。

这个公式表明，如果气体压强增大，那么它的体积就会减小。反过来，如果压强减小，体积就会增大。两个数值的变化方向是相反的，这被称为“反向关系”。

查理定律

18世纪，法国化学家、物理学家和航空学家雅克•查理（Jacques Charles，1746—1823）也对气体感兴趣。他主要研究了气体的温度和体积之间的关系。他设计了一个装置，用一个可移动的活塞将气体密封在容器里。他对容器进行加热或冷却，并测量活塞

试试这个

萎缩的气球

1 吹气球。

2 把气球放进冰箱里冷冻30分钟。

3 把气球从冰箱里拿出来。和刚放进冰箱时气球的大小相比，现在的气球是变大了还是变小了？

你认为随着温度升高，气球会发生什么变化？气球的大小会发生变化，因为随着温度的降低，气球内部气体分子的运动速度会变慢；而温度升高时，气体分子的运动速度会变快。

查理定律

为了研究气体加热后的体积变化，查理用可移动活塞做了相关的实验。在室温下，活塞保持在一定的高度。当加热容器时，气体分子获得能量，并开始对活塞施加压力，迫使它向上移动。停止加热后，气体失去能量并冷却，活塞开始下降。

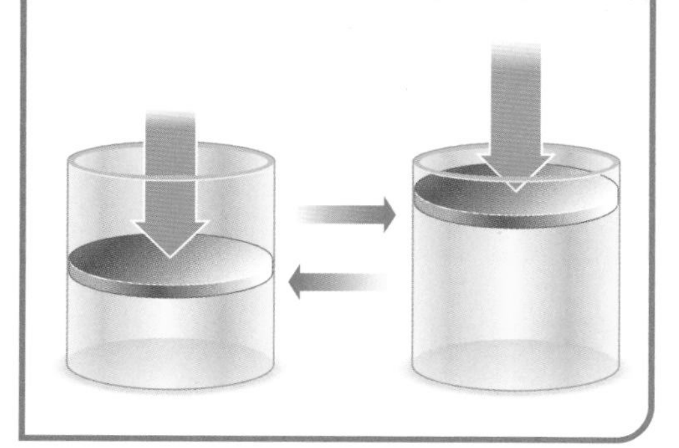

科学词汇

压缩： 通过挤压或施加压力来缩小体积。

气体： 可以扩散开来填满所有可用空间的物质（如空气）。

摩尔： 含有 6.022×10^{23} 个原子或分子的物质的量。6.022×10^{23} 被称为“阿伏伽德罗常数”，12 克碳所包含的原子个数就是 6.022×10^{23} 个，即 1 摩尔。

体积： 固体、液体或气体所占的空间。

在温度变化时发生的位移。通过计算活塞的位移，他计算出了不同温度下的气体的体积。查理将这种关系表述为：

$$V_1 / T_1 = V_2 / T_2$$

通过这个公式，我们可以看出，初始体积（V_1）除以初始温度（T_1）等于最终体积（V_2）除以最终温度（T_2）。

这个公式表明，如果气体的温度升高，那么气体的体积也会增大。反之，如果温度降低，体积也会减小。两个数值的变化方向相同，这种关系被称为“正向关系”。在萎缩的气球实验中，比较气球在放入冰柜之前和之后的情况，可以体现这种正向关系。

阿伏伽德罗定律

19 世纪早期，意大利化学家阿莫迪欧 • 阿伏伽德罗提出了气体粒子数量与体积之间简单而深刻的关系。这个关系表明，在相同的温度和压力下，相同体积的气体含有的粒子数量也相同。

后来，科学家们证明了阿伏伽德罗的假说是正确的。实验表明，1 摩尔任何气体在标准条件下的体积均是 22.4 升。阿伏伽德罗定律用以下数学公式表示：

$$V_1 / n_1 = V_2 / n_2$$

这个公式表明，气体的初始体积（V_1）除以初始摩尔数（n_1）等于气体的最终体积（V_2）除以最终摩尔数（n_2）。更简单地说，如果气体的体积增加，气体的摩尔数也会成比例地增加。只有当气体的温度和压力在整个实验过程中保持不变时，这一定律才成立。由于体积增加，摩尔数也增加，所以该方程显示出正向关系。

理想气体定律

气体的这三个定律都与描述气体的某些变量有关。这些气体定律可以组合成一个被称为“理想气体定律”的公式。这结合了每个公式中表示的比例。合起来，理想气体定律可表述为：

$$PV = nRT$$

这些变量中的4个已经被详细描述过了，唯一新的是常数R，被称为“气体常数”。气体常数为8.314 J/（K·mol）。这是一个表征理想气体性质的普适常数。

化学家称这一定律为“理想气体定律”，因为它描述了理想气体在压强、体积、温度和物质的量等方面的行为。对化学家来说，理想气体是用动力学理论描述的气体。虽然理想气体并不存在，但它描述了真实气体在接近STP的条件下的行为。在很低的温度下，气体的行为与理想气体不同。

气压以“标准大气压”为单位。用来测量气压的仪器是气压计。气压是由大气中气体的重力作用引起的。

气压随天气的变化而变化，也随着海拔的变化而变化。海拔越高，气压越低。每上升305米，气压会下降约2.5厘米汞柱；每上升8米，气压会下降1毫巴。在一架飞行在10600米高空的喷气式飞机中，飞机外部的气压只有海平面气压的1/20。

气压随着海拔的升高而降低。在珠穆朗玛峰的山顶，大气非常稀薄，氧气含量很低，登山者随身携带氧气。此外，气压太低会使空气很难进入登山者的肺部，从而导致他们出现呼吸困难等症状。

液体

液体是一种有趣的物质状态，具有许多不寻常的性质。它们没有自己的形状，无法被压扁或拉伸。有些液体黏度很高，难以流动，而有些液体黏度很低，极易流动。水是所有液体中最不寻常的。

液体的形状受容器的影响。但是，液体的体积不会随着容器的大小和形状而改变。在气体中，粒子之间有足够的距离，并有足够的动能改变体积。在液体中，粒子之间的距离要近得多，它们之间有相互吸引力。即便如此，它们仍有足够的动能相互滑动，所以液体的形状取决于容器的形状。

在室温和1个标准大气压下为液体的化合物，是由分子构成的。这些分子具有不同的分子间力，分子间力影响分子之间的距离和相互作用的方式。分子间力的大小也影响液体的物理性质。

物理性质

如果你倒过蜂蜜，你就会知道，蜂蜜流动的速度比水慢。蜂蜜很稠。用来描述倾倒液体难易程度的术语是黏度。黏度是液体流动阻力的一种量度。蜂蜜的黏度高，水的黏度低，所以，水可以自由流动，蜂蜜却不能。黏度是由液体中的分子间力引起的。如果这些力很强，分子就不容易相互滑动，那么液体的黏度就会很高。

黏度也受温度的影响。温度越高，分子的能量就越多，分子就越容易移动，液体的黏度也就越低。同样，当温度较低时，液体的黏度提高，因为液体分子的能量减少了。

蜂蜜是一种高黏度液体，所以倒蜂蜜时，蜂蜜流得很慢。

水有氢键，分子间力很强。尽管水比蜂蜜更容易倒出来，但就其分子大小而言，它仍然是相当黏稠的。相比之下，外用酒精的黏度很低。如果你把等量的水和外用酒精倒在物体表面，你会发现，外用酒精比水扩散得更快。

液体的另一个性质叫作表面张力。你可能见过一种叫水黾的昆虫在水面上滑行。水黾是由水的表面张力支撑的。不均匀的力使液体的表面像薄膜一样。水的表面张力相当高。为了演示表面张力的大小，你可以试着使一根针漂浮在水面上。

表面张力也解释了为什么水珠可以挂在物体的表面，如散落在窗户上的雨滴。水滴呈圆形，因为这可以使其表面积最小。表面张力与黏度有关。液体的黏度越高，其表面张力就越大。在盘子里滴一滴蜂蜜，它能保持圆形，但如果你在盘子上滴一滴外用酒精，酒精会扩散开来。由于分子间力较小，因此外用酒精的表面张力较小。

与黏度一样，表面张力也受温度的影响。温度越低，表面张力越大，因为分子的动能变小了，分子难以克服分子间力。在更高的温度下，分子有更多的动能去克服分子间力，所以表面张力更小。

在液体中加入其他物质也可以减小表面张力。肥皂可以减小水的表面张力。如果你重复浮针的实验（见右上），并在盛有水的碗中加入一滴洗手液，针就会立即下沉。

水的奇异之处

水是地球上最常见的液体。它存在于海洋、大气、河流、湖泊和冰川中。所有的生物都需要水，水在人体中的含量很高。尽管水很常见，但它有许多不寻常的特性。

我们已经了解了固态水（冰）可以漂浮在液态水中。这种独有的特性在自然界中很重要。湖结冰时，实际上只有湖面结冰。冰层将下面的水与上面的水（温度低）隔离开来，使水中的植物和动物得以生存。

与大小类似的化合物相比，水的沸点很高。这些化合物，如氨（NH_3）和硫化氢（H_2S），在室温下是气体。水可以吸收大量的热。

水的热容量很高，这使得水可以通过吸收和释放热量来抵抗昼夜温度的巨大变化，有助于调节地球的整体温度。水只有在高温时才会变成气体。把水从液体变成气体需要很多能量。水的表面张力很大，因此水会产生一种叫作“毛细作用”的现象。由于水表面分子受到的力不相等，所以水会沿着

试试这根浮针

1 向碗里装满水。
2 用镊子水平夹住缝纫针。
3 慢慢地把针放到水面上。
4 当针水平于水面，并触碰水面时，松开针。针应该能浮起来。你可能需要尝试几次才能让针浮起来。针浮在水面上是因为水的表面张力非常大，能够支撑针的重量。

表面张力

液体的表面张力是由分子间力造成的。在液体内部，分子被其他的液体分子包围，因此它受到的力在各个方向上都是相等的，这些力的合力为零。但在液体表面，分子上方没有其他液体分子，所以表面的分子所受合力并不等于零，其合力方向指向液体内部，结果导致液体表面具有自动缩小的趋势，这种收缩力就被称为“表面张力”。

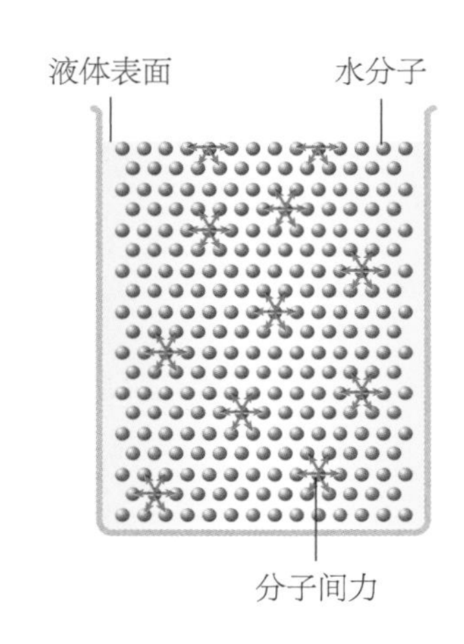

细小的管子升到一定的高度。

液体变成气体

当给予液体足够的热量时，它就开始沸腾并变成气体。此时液体的温度就是液体的沸点。给液体加热会使液体中的分子有更大的动能。当它们获得足够的动能时，它们就能摆脱液体分子间力，变成气体。液体变成气体的过程被称为“汽化”。汽化有两种方式，分别是沸腾和蒸发。

如果把一杯水放在外面很长一段时间，你可能会注意到它的体积变小了。有些水分子从液体中逸出变成了气体。这个过程就是蒸发。当液体蒸发时，它并没有沸腾。温度是平均动能的量度。事实上，有些分子的动能高于平均值，而另一些的动能则低于平均值。那些动能高于平均值的分子有足够的能量来克服分子间力，脱离液体变成气体。随着温度的升高，蒸发也会加快，因为更多的分子有足够的能量从液体中逃逸出来。

如果往一个容器里放一些水，然后把多余的空气抽掉，密封容器，之后水会蒸发，直到水的压力和水蒸气的压力达到平

雨滴

人们通常认为雨滴的形状和泪滴一样。但实际上，当雨滴从天空落下时，它们的形状不是这样的。水有很大的表面张力，这种力使所有的分子“聚”在一起。这使水滴的形状变成球形，因为在一个球体中，各点的表面张力都是相等的。当雨滴下落时，由于空气阻力，它的下表面会稍微变平，但雨滴的顶部仍然是圆形的。

这是一张由高速摄像机拍摄的雨滴照片。照片显示，雨滴与泪滴不同，它几乎是球形的。

水通过毛细作用从树的根部流向树顶部的叶子。

衡。此时的压力被称为液体的蒸气压。在一些水分子蒸发的同时，水蒸气中的一些分子凝结，并返回液体中。达到平衡时，蒸发速率和凝结速率相等。所有的液体都会产生蒸气。分子间力小的液体更容易蒸发。例如，酒精的蒸发速率比水快得多，因为酒精分子不需要那么多能量就能脱离液体。

沸点

当一锅水被加热时，底部的水会先达到沸点，形成小气泡。这些气泡是水蒸气。随着热量的增加，更多的水达到沸点，气泡变大。很快，许多气泡迅速浮至水面，水沸腾了。有时，在底部的水达到沸点之前，小气泡就出现了。这些气泡是由溶解在水中的空气产生的，因为空气在水中的溶解度随着温度的升高而降低了。

在山顶煮鸡蛋比在海平面花的时间长，其原因是高空处气压较低。当蒸气压等于气压时，水就会沸腾。在高海拔地区，气压较低，因此水沸腾时的温度也较低。事实上，如果气压足够低，水在室温下就会沸腾。

试试这个

罐子里的云

水蒸气是一种无色的气体。然而，如果它迅速冷却，它就会形成微小的水滴，这些水滴在散射光线下呈现白色。这就是喷气式飞机飞过天空会留下一道白烟的原因。

1 向罐子中倒入约 1/4 杯（60 毫升）水。

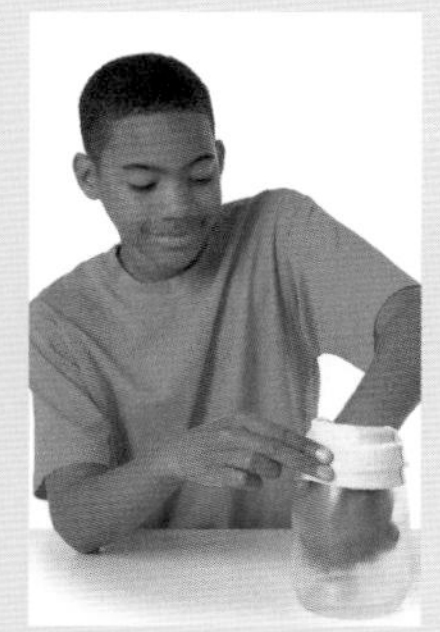

2 把橡胶手套翻过来。在罐子里放一支蜡烛，使它漂浮在水面上，并点燃它。几秒钟后，吹气，迅速用手套完全覆盖住罐子的口。

3 把手放进手套里，然后伸入罐子里。不要触碰蜡烛，它可能还是烫的。

4 把你的手指弯曲成拳头，拉起手套，同时拿稳罐子。你应该可以看到罐子里有一朵云。当你停止时，它就会消失。云是因为压力的变化导致水蒸气凝结变成了液体才变得可见的。

溶液

物质很少是纯的。多数情况下，它们以不同的方式混合在一起。溶液是一种混合物。一杯咖啡，一根钢筋，甚至空气，都是混合物。其他混合物包括悬浮液和胶体。

混合物有两种基本类型：均相混合物和非均相混合物。在非均相混合物中，所有的成分都可以分辨出来，也可以相对容易地分离出来。在均相混合物中，各种成分混合得很均匀，所以我们无法分辨其中的成分。海水是一种均相混合物，我们无法看到盐和混合在里面的其他东西。一碗面汤其实是一种非均相混合物，我们可以看到肉汤、面条和其他食材。

溶液是一种最常见的均相混合物。溶液是处于单一物理状态的均相混合物。最常见的溶液，如海水或苏打水，都是液体。溶液也可以是气体或固体。空气是气体溶液，而青铜（铜和锡的混合物）是固体溶液。

溶液的性质

一种或多种物质溶解到另一种物质中才能形成溶液。被溶解的物质叫作“溶质”。溶质溶解于其中的物质被称为“溶剂”。例如，如果你向一杯水中加入一勺食盐，你就得到了一种溶液。食盐溶解在水里，所以食盐是溶质，水是溶剂。不是每一种物质都会溶解于其他物质的。你可能听过这句话：“油和水不能互溶。”你可以把油加入水中来验证这一点。如果溶质不溶于溶剂，我们就称溶质是“不溶物”。如果溶质会溶解在溶剂中，那它就是可溶的。

科学词汇

非均相混合物： 又称“非均匀混合物”，是混合物按照一定方式分类后的一类混合物。

均相混合物： 又称“均匀混合物”，指成分分布均匀，不管提取混合物的哪一个部分，其成分含量比例都相同的混合物。

溶质： 溶液中被溶剂溶解的物质。

溶液： 物质处于相同物理状态的均相混合物。

溶剂： 溶质溶解于其中的物质。

溶液的类型

大多数人认为溶液是液体，但事实并非如此。溶液可以是不同状态的溶质和溶剂

药片溶于水。在此过程中，药片分解成最小的单元，并在水中扩散开来。

试试这个

色彩斑斓的溶液

通过这个简单的实验，你可以看到固体溶解在液体中。你需要一个又高又透明的酒杯、一袋固体饮料和一根扁平的牙签。固体饮料要选择葡萄或樱桃等颜色较深的水果味道的。

1 杯子里装满水。
2 用牙签宽而平的一端夹上少量的固体饮料。
3 轻轻地把饮料粉末摇入玻璃杯中的水中。
4 当粉末落入玻璃杯中时，请观察它们的晶体。

固体饮料中的微小颗粒是溶质。它们溶解在水里，产生了一种有颜色的溶液。颜色会从晶体中扩散开来，最终充满整个杯子。扩散是由气体或液体分子的随机运动造成的，如布朗运动（见第35页）。

的任意组合。

固体溶液一般至少包含一种金属。例如，标准纯银中混合了少量铜，其中，铜是溶质，银是溶剂；而钢是通过在铁中溶解少量的碳制成的。包括金属在内的固体溶液叫作“合金”。合金是在金属熔化成液体时加入其他金属或非金属而成的。

气体溶液是两种或多种气体的均相混合物。空气就是一种气体溶液。空气主要由氧气和氮气组成，其中氮气约占78%，而氧气约占21%，所以氮气是溶剂，而氧气是主要的溶质。空气中还含有氩气和二氧化碳等其他几种气体溶质。

液体溶液必须有液体溶剂，而溶质可以是固体、液体或气体。例如，河水中溶解了氧气。固体也可以与液体混合形成溶液。例如，一块糖会溶解在温水中。

能溶解液体的液体不太常见。一个例子是加到汽车散热器里的防冻剂。水溶解在防冻剂中，可以防止水结冰。容易混合均匀的液体，如防冻剂和水，被认为是互溶的。其他液体，如油和水，互不相溶。这种不能混合均匀的液体被称为“不互溶的液体”。

茶是一种溶液，茶叶中的化学物质溶解在热水中形成茶。浓茶中化学物质的浓度比淡茶中的更高。

溶解在水中

水有时被称为“万能溶剂”，因为它能溶解许多不同的物质。它形成的溶液被称为“水溶液”。

溶解在水中的溶质要么形成离子，要么形成分子。离子是失去或获得一个或多个电子的原子。因此，离子是带电荷的。失去电子的离子带正电荷，而得到电子的离子带负电荷。分子是由两个或两个以上的原子通过化学键连接而成的。

分子不带电荷。离子会被带相反电荷的离子吸引，被带相同电荷的离子排斥。离子之间的吸引力使离子结合形成化合物。化合物是由两种或两种以上元素的原子通过化学键连接在一起形成的物质。离子化合物总是包含阳离子和阴离子。当这些化合物溶解在水中时，离子就会分开。食盐（氯化钠）是离子化合物的一个例子。它由带正电荷的钠离子和带负电荷的氯离子组成。当它溶解在水里时，食盐会分解成钠离子和氯离子。

分子化合物，如糖，是由原子共用电子形成的。它们溶解时，其分子也会分解。然而，它们会分解成不带电的分子。

导电

在溶液中溶解的离子会导电，因此，离子溶液是一种电解质，即可以导电的液体。分子溶液中没有带电粒子，所以它们不导电。

浓度

在一定数量的溶剂中，溶质的量可以用浓度来表示。化学家可以用浓度很精确地比较溶液或混合物质。

浓度可以用许多不同的方法表示。化学家常用 3 种方式表示浓度：体积摩尔浓度、质量摩尔浓度和摩尔分数。

体积摩尔浓度（M）是表示浓度最常用的方式。体积摩尔浓度被定义为 1 升溶剂中溶质的摩尔数。1 摩尔物质包含 6.022×10^{23} 个原子或分子。要计算体积摩尔浓度，你要算出溶质的摩尔数，然后用摩尔数除以溶液的升数。

科学词汇

化合物：由两种或两种以上的元素通过化学键连接在一起的物质。

电解质：能在一定条件下离解成正负离子而导电的一类化合物。

电子：绕原子核旋转的带负电荷的粒子。

离子：失去或获得一个或多个电子的原子。

分子：由两个或两个以上的原子通过化学键连接而成的物质。

质量摩尔浓度和体积摩尔浓度类似。质量摩尔浓度（m）是溶解在1千克溶剂中的溶质的摩尔数。实际上，质量摩尔浓度比体积摩尔浓度更准确。

随着温度的改变，液体的体积也会有轻微的变化。质量摩尔浓度取决于溶剂的质量，而非它的体积，所以无论温度如何，液体的质量都是一样的。体积摩尔浓度是根据体积来计算的，而体积会随温度的变化而发生轻微的变化。

摩尔分数是第三种表示浓度的方法。它是溶液中一种物质的摩尔数与溶液中所有物质的摩尔数的比值。溶液中各组分摩尔分数之和等于1。摩尔分数不受溶液温度的影响。

饱和和溶解度

当将溶质加入溶液中时，只有一定数量的溶质能溶解在溶剂中。当溶质溶解到最大量时，溶液就饱和了。如果你在一杯温水中加入几勺糖，你会发现，有些糖无论你怎么用力搅拌都不会溶解在水里。这是因为水中溶解的糖已经饱和了，水无法再溶解更多的糖了，剩下的糖只能留在杯底。

溶解度指一定温度压力下的饱和溶液的浓度，通常用一定量溶剂所溶解溶质的量表示。物质的溶解度随条件的改变而改变。例如，热水可以比冷水溶解更多的糖。

影响溶解度的因素

物质的溶解度是由溶质和溶剂的性质决定的。例如，溶质和溶剂可以是极性的，也可以是非极性的。极性分子在特定位置带有微小的电荷。非极性分子没有极性区域。

试试这个

做冰激凌

冰激凌是由牛奶和调味品组成的溶液冷冻而成的。

你需要两杯（480毫升）牛奶、1/4杯（50克）糖、两勺香精、4杯（960毫升）冰、半杯（100克）盐、2个密封塑料袋（一个大的和一个小的）和一些胶带。

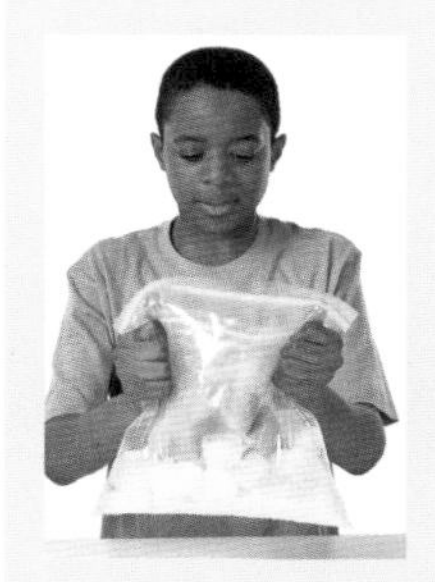

1. 把牛奶、糖和香精放入小的密封塑料袋里，用胶带封好。摇动袋子使其混合均匀。
2. 把冰块和盐混合后，放入大的密封塑料袋里。
3. 将小塑料密封袋放入大塑料密封袋里，尽可能地用冰块把小密封塑料袋包裹起来。
4. 上下来回摇动这个大塑料密封袋15分钟。
5. 把小塑料密封袋打开，吃你的冰激凌吧！

盐使大密封塑料袋里的冰的温度降低。冰变得足够冷，可以把牛奶和糖的混合物冷冻，从而使混合物变成冰激凌。

一般的规则是“相似相溶”。由极性分子组成的溶质易溶于由极性分子组成的溶剂中。然而，由非极性分子组成的溶质难溶于极性溶剂中。

水是极性溶剂。离子化合物等极性溶质易溶于水中。盐很容易在水中溶解。然而，汽油是一种非极性溶剂，所以盐不会溶解在其中。

温度和压力也会影响溶解度。温度对溶解度的影响比压力更大。一般来说，温度越高，一定溶剂中溶解的溶质就越多。温度对溶解度的影响取决于一些因素。

固体溶质在溶剂中溶解的速度受以下3个因素的影响：溶质和溶剂混合的速度、温度及溶质的总表面积。细粉末比大块的同一固体物质溶解得快。

物理性质

有时溶液的性质与纯溶剂的性质不同。一个明显的例子是，当溶质溶解在溶剂中时，溶剂的颜色可能会改变。加入溶质也可能改变溶剂的熔点和沸点。例如，纯净水在0℃结冰，在100℃沸腾。然而，当盐溶解在水中时，溶液的熔点下降，沸点上升，确切的温度取决于溶解了多少盐。例如，海水在-17.5℃左右结冰。

这是因为溶质挡住了溶剂分子的“去路”，进而导致溶剂的熔点发生了变化。在纯液态水中，分子总是在运动并相互碰撞。当水的温度达到0℃时，水分子在碰撞时会“粘”在一起，形成冰。然而，在水分子形成冰的同时，其他已经形成冰的水分子重新变成了液体。在冰点时，冻结和融化的水分子数量相同。

科学词汇

饱和溶液：在特定条件下溶剂不能再溶解某种溶质的溶液。

溶解度：一定温度和压力下的饱和溶液的浓度。

在冰点以下，冻结的水分子数量比融化的更多，因此冰块会变大。当把盐加到水中时，水分子就不能像以前那样经常相互碰撞了，有时它们会撞击钠离子或氯离子。在0℃时，盐水不会结冰，因为水分子碰撞的概率变小了。形成固态冰的分子数量少于变成液体水的分子数量，所以盐水不会结冰。

在自然界中，并非所有的混合物都是溶液。悬浮液是一种有大颗粒散布在液体或

气体中的非均相混合物。这些大的颗粒最终会沉淀下来。如果你摇动过一个雪花玻璃球，你会发现，“雪”实际上是悬浮在里面的。

悬浮液是混浊的，光线很难穿透。浑水就是一种悬浮液，由微小的土壤颗粒悬浮在水中形成。

悬浮液可以由固体、液体或气体的混合物形成。气溶胶是由液滴或颗粒组成的悬浮气体。固体通常悬浮在液体中，如浑水。两种液体也可以形成悬浮液，只是液体必须是不互溶的，如油和水——其中一种液体形成微小的液滴，悬浮在另一种液体中，这种悬浮液也被称为“乳剂”。

下图显示了山里的大雾。雾是由散布在空气中的微小水滴构成的胶体。

胶体

胶体是同时具有溶液和悬浮液特性的混合物。胶体中的粒子扩散到溶剂中，它们比分子或离子大，但不够重，难以沉降下来。这些粒子的体积也很小，它们无法通过过滤除去。胶体在自然界非常普遍，牛奶、蛋黄酱和烟等物质都是胶体。

试试这个

旋转一下

在这个简单的实验中，你可以将悬浮液中的液体和固体分开。你需要一个大的空锡罐（如一个咖啡罐）和一些绳子。找个成年人帮你，因为罐子可能会很锋利，而且要小心，你可能会被淋湿!

1 在罐子上面开两个小洞。两个小洞应该在相对靠近边缘的地方。确保罐子没有锋利的边缘。
2 把绳子穿过小洞，系起来。
3 向罐子里倒入大约一半的水，然后加入一把土。搅拌，形成悬浮液。
4 把罐子拿到足够大的地方。用绳子带着罐子旋转至少 20 圈。一定要抓住绳子。
5 不用摇动罐子，把罐子里的水倒进玻璃杯里。如果水仍然很浑浊，再旋转罐子几次。

土壤中的细小颗粒在水中形成一种悬浮物。当罐子旋转时，颗粒被甩到底部，加速沉降。这个罐子和绳子其实就是一个简单的离心机。离心机通过旋转，将液体或气体中的悬浮物去除。

固体

固体是物质三种状态中能量最低的一种。在固体内部，原子连接在一起，从而具有了固定的形状。

固体无处不在。地面是坚实的，建筑物是坚实的，鞋子是坚实的，这本书也是坚实的。根据动力学理论，固体中的原子一直在运动。然而，固体中的原子又是"固定的"，这就是它们会形成固定形状的原因——固体分子不像液体或气体分子那样四处移动，而是围绕一个中心位置来回振动。

固体的性质与其粒子排列方式有关。由于固体中的粒子紧紧地结合在一起，因此固体有一定的体积和形状。与液体或气体不同的是，固体的体积和形状不会因温度或压力的变化而发生很大的变化。

最常见的固体类型为晶态固体，它们被简单地称为"晶体"。晶体由高度有序、重复排列的原子组成。这种重复排列的结构被称为"晶格"。

食盐、糖、浴盐和雪都是日常生活中常见的晶体。几乎所有的宝石都是晶体。

每个晶体都有特定的晶格。晶体的许多属性，如它的硬度，是由晶格的排列方式决定的。组成晶体的最小的重复结构单元被称为"单位晶胞"，简称"晶胞"。晶格是由许多以固定模式连接在一起的晶胞构成的。

晶格在三维平面上有七大晶系，分别为三斜晶系、单斜晶系、正交晶系、四方晶系、立方晶系、三方晶系和六方晶系。

科学词汇

无定形： 缺乏确定的结构或形状。

晶体： 由有规则的原子重复排列组成的固体。

溶液： 将各种物质混合均匀的混合物。

过冷液体： 一种非常黏稠的液体，流动非常缓慢，可以保持固体的形状。

大多数天然固体是晶体。在晶体内部，分子以固定的重复模式排列，这使得每个晶体的形状都很有序。

天然的固体

晶体在自然界很常见。大多数固体是晶体。人们最熟悉的晶体也许就是岩石中的矿物质。在自然界，晶体是从熔化的岩石或饱和的水溶液中生长出来的。有些晶体可以长得非常大。人们已经发现了一种单晶体，它有房子那么大，重达数吨。晶体生长时，通常会长成与晶胞相同的形状。

例如，黄铁矿也被称为"愚人金"，它是一种闪亮的金色晶体，它的晶胞是立方体形状的，黄铁矿晶体也是立方体形状的；翡翠晶体的晶胞是六边形的，翡翠通常也是六边形的。

当晶体破裂时，它们往往沿着晶胞之间的连接破裂。所以，晶体往往会分裂成特定的形状。许多矿物质看起来很相似。地质学家鉴别矿物的方法之一是观察其晶体的破碎方式。

无定形固体

“amorphous”这个词的意思是“没有形状的”，指没有确定的形状，但可以有多种形状的物体。有些固体是无定形固体，它们没有排列有序的晶格。常见的无定形固体是塑料和橡胶。

由于没有晶格结构，无定形固体的性质与晶体不同。例如，大多数晶体是坚硬的，被击中时很容易破碎。破碎的晶体碎片也具有同样的形状。但无定形固体往往具有弹性，破碎时碎片的形状和大小都不一样。

试试这个

盐的晶体

构成晶体的最基本的几何单元被称为“晶胞”。这些晶胞结合在一起形成一个更大的重复排列的空间结构，被称为“晶格”。晶体可以被分解成更小的部分，但是每个部分都有重复的单元结构。

1 在深色的表面撒一些食盐。用放大镜观察它们。它们是什么形状的?

2 在深色的表面撒一些岩盐。用放大镜观察它们，比较岩盐晶体和食盐晶体的形状。

3 用锤子敲碎一个岩盐晶体。用放大镜观察它们。它们现在看起来怎么样? 你应该看到所有的盐都呈相同的立方体形状。

在晶格中的3种晶胞

六边形晶胞（1）由14个原子排列成八面体，其中两个面是六边形。立方体晶胞（2）有6个正方形面，可以包含8、9或14个原子（如图所示）。菱形晶胞（3）有8个原子，组成6个面，每个面都是菱形。

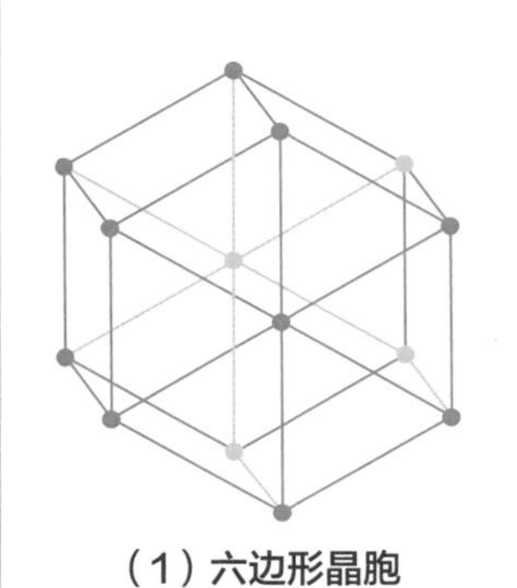

（1）六边形晶胞

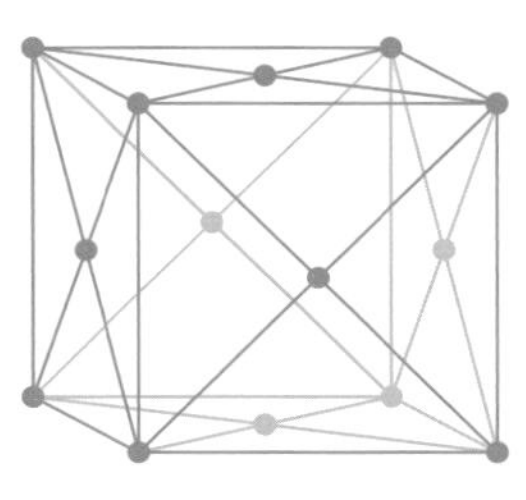

（2）立方体晶胞

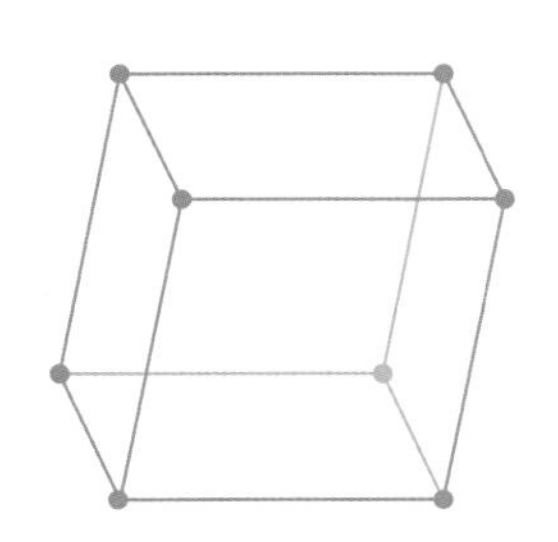

（3）菱形晶胞

有些无定形固体，如玻璃，实际上是过冷液体——它们不是固体，而是非常黏稠的液体。这些液体非常黏稠，无法流动，可以像固体一样保持形状，但也可以像其他液体那样形成任何形状。

当无定形固体受热时，它们是过冷液体的性质就会表现出来。晶体有固定的熔点，当达到熔点时，整个晶体很快就会变成液体。当无定形固体受热时，它们会变软，在最终熔化之前可能会流动成不同的形状。

结合成固体

气体和液体的物理性质可以用分子间力来解释。固体的物理性质也可以用分子间力来解释。这些性质包括硬度、导电能力和熔点，每一个性质都取决于将固体黏合在一起的分子间力的强弱。

金属固体

金属固体很常见。元素周期表中约3/4的元素是金属元素。金属元素的原子中能成键的价电子通常很少。价电子是那些位于原子最外电子壳层上的电子。这些是化学键中的电子。当金属原子形成晶格时，价电子就会脱离原子，在固体中自由移动。自由电子就像胶水一样把金属原子“粘”在一起。电子可以沿着一个方向流动，形成电流。金属是优良的导体，不仅能导电，还能导热。

金属还有另外两个特性：展性和延性。具有展性的材料可以被击打成薄板，具有延性的材料可被拉成线。这两种特性都与自由电子将金属原子“粘”在一起有关。

分子的模式

晶体中的分子以有序的方式排列在一起。无定形固体的分子以随机的方式排列。

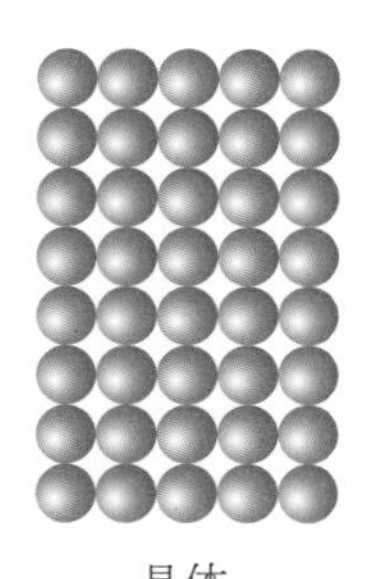
晶体

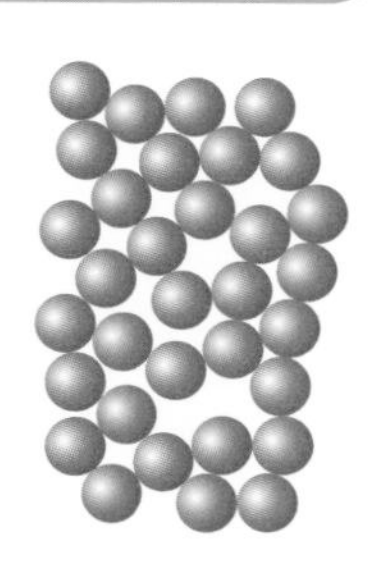
无定形固体

合金

金属的用途很广。它们很坚固，可以被塑造成各种形状。金属可以制造各种各样的物体，包括汽车、工具、电线和珠宝等。一种纯金属可能不具备某一方面的特性，如可能太软或展性不强。使金属用途更广泛的一种方法是把它和其他金属混合，制成合金。黄铜是铜和锌的合金。有些合金中也含有非金属，如钢是铁和其他几种金属的合金，但其中也含有少量的碳。

分子固体

许多固体是由分子构成的。大多数分子固体是化合物。分子固体是由分子间力黏合而成的。一般来说，分子固体是软的，熔点较低。这是因为它们的分子间力较弱。大多数分子固体的导电性或导热性不好。

离子固体

有些化合物是由离子形成的。离子是在化学反应中失去或获得电子的原子。失去电子的离子带正电荷，得到电子的离子带负电荷。异性电荷相互吸引，同性电荷相互排斥。固体中的离子被另一个带相反电荷的离子吸引。正是这种吸引力将离子结合在一起形成离子固体。然而，这些离子也排斥带有相同电荷的离子。

离子固体都是晶体。离子排列在晶格中。在晶格内部，带相反电荷的离子尽可能地靠在一起，带相同电荷的离子之间的距离越远越好。离子固体很坚硬，这与它们的晶格有关。由于离子键很强，因此离子固体有很高的熔点，通常比分子固体的熔点高得多。离子固体是不良导体，因为离子不能移动。

最简单的离子固体由两个离子组成，一个带正电荷，另一个带负电荷。例如，食盐（氯化钠）有一个带正电荷的钠离子和一个带负电荷的氯离子。

坚硬的固体

有些固体的原子以共价键紧密相连。原子共用它们的价电子时，就会形成共价键。

许多固体是通过共价键结合的，其中有一些是晶体。共价键把所有的原子连接起来形成晶格。晶格是一种非常坚固的结构，很难被破坏。这种类型的固体被称为“共价晶格固体”。钻石就是一种共价晶格固体。共价晶格固体的熔点很高。

类金属

类金属元素是具有金属的某些性质和非金属的某些性质的一组元素。硅和砷就是类金属元素。类金属的一个特性是可以导

黄金

黄金和其他贵金属的纯度是以克拉为单位衡量的。黄金是24克拉的。珠宝很少用纯金做，因为黄金非常柔软，很容易凹陷或弯曲。为了提高硬度，大多数珠宝是由黄金、铜和其他金属的合金制成的。通常以18克拉、12克拉等克拉数来表示珠宝中的含金量。24克拉表示珠宝含有100%的黄金。18克拉表示珠宝含有75%的黄金，而12克拉的珠宝只含有50%的黄金。这两个百分比分别由下式得出：

$$(18 \div 24) \times 100\% = 75\%$$

$$(12 \div 24) \times 100\% = 50\%$$

这是埃及国王图坦卡蒙的面具，他死于3300多年前。这个面具是由24克拉黄金制成的。

食盐

食盐是很常见的固体，由钠离子和氯离子的立方晶格结构组成。

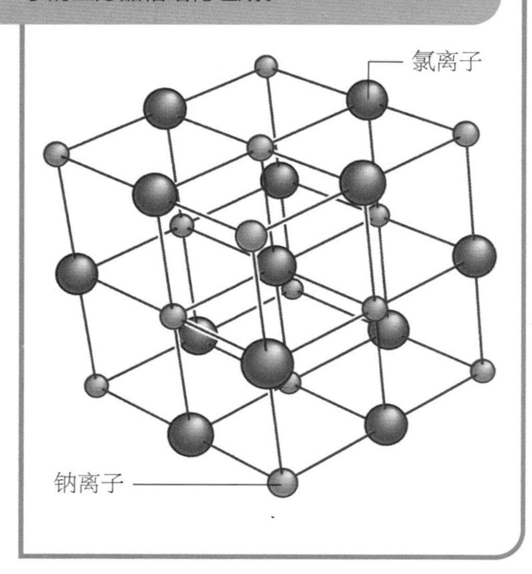

从干冰（二氧化碳固体）升华而来的二氧化碳气体。二氧化碳是无色的，但在这种情况下，二氧化碳气体的温度太低，使得空气中的水蒸气形成了由微小水滴组成的白雾。因为它的密度较大，所以它会下沉到地板上。

电，但它们只有在特定的条件下才能导电。因此，这些材料被称为“半导体”。从20世纪60年代开始，半导体就变得很重要。晶体管等电子设备中用半导体来控制电路中的电流。随着电子学的发展，小型计算机、移动电话和类似的机器被制造了出来。

半导体形成共价晶格固体。原子排列成晶格。在纯半导体中，所有的原子之间形成共价键的电子数量刚好合适。然而，电子只是被松散地固定在这些共价键中，有一些电子能够摆脱共价键的束缚，并能在固体中移动。逃脱的电子留下的空穴也可以移动。这些空穴就像可移动的正电荷。

我们也可以通过添加其他元素的原子来控制半导体的导电方式。这个过程被称为“掺杂”。掺杂是指用一种其他元素的原子来填充类金属原子晶格中的间隙。例如，纯硅的导电率很低，但如果将磷掺杂到硅中，磷原子的5个电子中的4个就会与硅原子结合，而第5个电子是自由的，没有与硅原子结合。这个自由电子能够在固体中移动并传导电流。

科学词汇

化合物： 在化学反应中由两种或两种以上元素的原子结合形成的纯净物。

离子： 失去或获得电子的原子。离子带正电荷或负电荷。

分子： 由两个或两个以上原子结合而成的一组粒子，是保持物质特有化学性质的最小微粒。

膨胀

从液体到固体的变化过程叫作“凝固”，从固体到液体的变化过程叫作“熔化”。固体在熔化之前，会受热膨胀。当固体变得更热时，里面的原子振动得更厉害，原子之间的距离也会增加，从而导致整个固体膨胀。晶体和分子固体受热后，只会轻微膨胀。一般来说，金属受热膨胀得最厉害。

固体升华为气体

有些固体受热后并不熔化。相反，它们直接从固体变成气体，这个过程被称为“升华”。蒸发是液体变成气体的过程。在这个过程中，原子或分子彼此分离，并独立移动。在某些情况下，固体中的分子有足够的能量以同样的方式变成气体。分子固体最有可能升华。由于它们的分子间力较弱，因此单个分子更容易挣脱并形成气体。碘是一种闪亮的灰色分子固体，受热时会升华为深紫色气体。

冰有时也能升华。如果你把一块冰放在冰箱里很长时间，它就会升华。冰箱的空气中只有很少的水蒸气，这使得水分子更容易从固态的冰中脱离，形成水蒸气。如果空气中已经充满了水蒸气，冰就不那么容易升华了。

计算离子的电荷

在写离子化合物的化学式时，离子的电荷是很重要的。金属离子带正电荷，非金属离子带负电荷。阳离子与原子有相同的名称，例如，钠元素为 sodium，钠离子为 sodium ion；但阴离子通常有不同的名称，例如，氯元素为 chlorine，氯离子为 chloride ion。

写化学式时，化合物的电荷必须等于零。例如，氯化钾是由钾离子和氯离子组成的。钾离子的电荷为 +1，氯离子的电荷为 −1。因此，1 个钾离子和 1 个氯离子结合成分子，化学式为 KCl。

氯化铝是由铝离子和氯离子组成的。铝离子的电荷为 +3，而氯离子的电荷为 −1，因此，每个铝离子与 3 个氯离子结合，氯化铝的化学式是 $AlCl_3$。数字 3 表示 1 个氯化铝分子含有 3 个氯离子。3 个氯离子的总电荷是 −3，与铝离子的电荷 +3 相平衡。

离子	符号	电荷
钠离子	Na^+	+1
钾离子	K^+	+1
钙离子	Ca^{2+}	+2
铝离子	Al^{3+}	+3
氯离子	Cl^-	−1
氧离子	O^{2-}	−2
磷酸根	PO_4^{3-}	−3

改变状态

大多数物质有相对稳定的状态，要么是固体，要么是液体，要么是气体。它们可以通过增加或减少能量（通常是以热的形式产生的动能）来改变状态。

一种物质可以从一种相态转变为另一种相态，例如从固体变成液体。当固体、液体或气体中的粒子结合或分开时，物质的相态就会发生改变。这些相态的改变总是涉及能量的变化。

能量和相变

当物质从固体变为液体或从液体变为气体时，粒子必须克服初始状态下的分子间力。用来克服分子间力的能量就是动能。动能的来源是热量。当物质被加热时，这些粒子吸收能量，增加了自身的动能。温度是平均动能的量度。因此，当能量增加时，温度会升高。

当物质从气体变成液体或从液体变成固体时，能量也很重要。粒子必须失去动能。随着相态的变化，粒子的运动速度变得更慢。把一种物质从液体变成气体比把这一物质从固体变成液体需要更多的能量。

在物质的三种状态中，气体的能量最高。物质必须获得足够的动能，才能使粒子完全克服分子间力。物质的分子间力越大，其沸点越高，因为粒子变成气体需要更多的能量。

把固体变成液体所需要的能量叫作“熔化热”。把液体变成气体所需要的能量叫作“汽化热”。

科学词汇

吸热反应：一种吸收热量而使周围温度下降的化学反应。

放热反应：一种放出热量而使周围温度上升的化学反应。

熔化热：把固体变成液体所需要的能量。

汽化热：把液体变成气体所需要的能量。

熔化热

熔化热是打破固体分子间的化学键使其变成液体所需要的能量。从固体到液体的相变不涉及温度的变化。当物质熔化时，温度保持不变，粒子的动能实际上并不改变。

这张蜘蛛网上挂着露珠。当潮湿的空气冷却或碰到寒冷的表面并凝结变成液体时，露水就形成了。这种从湿空气到水的转换就是相态的变化，也被称为“相变”。

在相变完成之前，动能都不会发生变化。

结冰

熔化热也等于物质从液体变为固体时所放出的热量。对大多数物质来说，固体状态下的粒子比液体状态下的粒子紧密得多。这意味着在一定体积内，固体中的分子比液体中的分子多。因此，同一物质固体状态下的密度比液体状态下的密度高。这就解释了为什么大多数物质的固体会下沉到它的液体形态中。

水是一个例外。当水结冰时，水分子比它们在液相时分开得更远。这是因为氢键在水中产生了强大的分子间力。这就解释了为什么冰可以漂浮在水面上。冰的密度实际上比水的密度小9%。因为水结冰时会膨胀，所以在结冰前，在装水的容器中需要留

试试这个

膨胀的冰

1 把一块黏土压在碗底。
2 将一根吸管插入黏土中，使吸管直立。
3 向水中加入几滴食用色素。用滴管将水灌到吸管中，直到吸管里充满大约一半有颜色的水。
4 用记号笔在吸管上标记水的高度。
5 将碗放入冰箱冷冻室至少 4 个小时或更久。
6 把碗从冰箱里拿出来，观察水结冰时吸管的水位是如何变化的。水结冰时会膨胀，这应该会导致吸管里的水位上升。

用记号笔在吸管上标记水的高度。

水结冰时会膨胀，从而导致吸管中的水位上升。其他的物质在结冰时几乎都会收缩。

出一定的空间。如果将容器装满水后密封，水结冰后会膨胀，容器就会破裂。

当固体被加热并达到熔点时，温度随相变而保持不变。对于熔点不是很高的物质，科学家可以很容易地测量出这个温度。

冰点也是一样的，当液体冷却到冰点时，温度会保持不变，直到发生相变。物质的熔点或冰点可以用来确定物质的确切性质。每种物质都有自己的熔点或冰点。

科学词汇

冷凝：从气体变为液体的状态变化。

蒸发：当液体的温度低于沸点时，从液体到气体的状态变化。

分子间力：物质分子间的微弱吸引力。

压力：施加在某一区域上的推力。

蒸气：物质的气体形式，存在于该物质的临界温度以下，但仍可液化。

汽化热

和熔化一样，汽化时温度保持不变，直到相变完成。当液体达到沸点时，粒子不会获得动能。相反，液体中的粒子利用能量来克服分子间力。一旦所有的液体都变成了气体，温度就会继续升高。

沸腾

当液体的蒸气压等于气压时，它就会沸腾。例如，在海平面时，水在100℃沸腾。随着海拔的升高，气压会降低。气压的降低意味着水沸腾的温度也降低了。在高海拔的地区烹饪时，水沸腾的温度会降低很多。许多食谱增加了在高海拔地区烹饪食物的说明。如果气压增加，水的沸点也会提高。厨师会使用高压锅来增加压力，从而提高水沸腾的温度。因为温度升高，食物会熟得更快。

沸腾和蒸发

当液体沸腾（a）时，分子获得动能并从表面离去，在液体中形成气泡。在蒸发过程（b）中，在不加热的情况下，分子便可从液体中逃逸出去。液体失去能量，温度降低（c）。

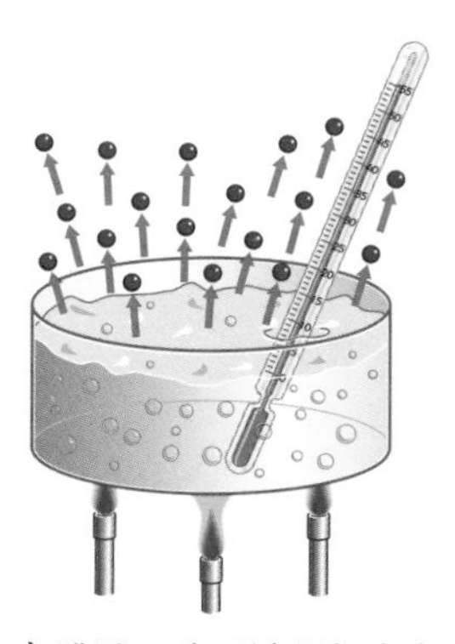

（a）沸腾：分子被驱赶出去

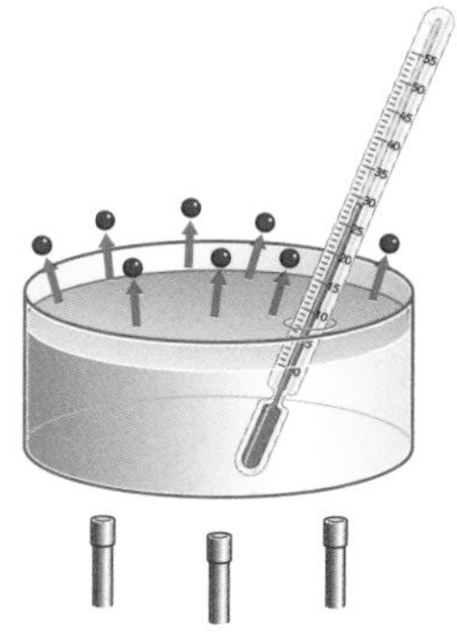

（b）蒸发：分子逃逸出去

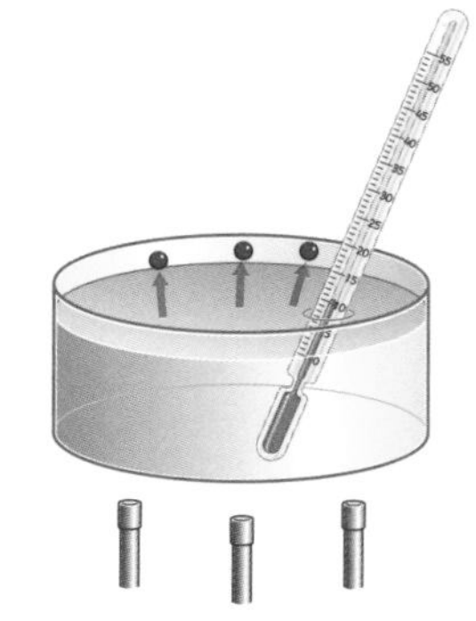

（c）蒸发：温度降低

蒸发冷却

把液体变成气体需要能量。这是一个吸热过程。这个过程对人们来说非常重要。当你努力工作或锻炼时，你的身体会产生热量。你的身体必须把多余的热量排出去。身体排热的方式是出汗。当你的身体发热时，汗水会附着在皮肤表面。身体的热量使汗液变热，从而使汗液开始蒸发。蒸发是一个吸热的过程，汗液分子吸收热量，从而使身体的温度下降。

蒸发冷却是身体排出多余热量的好方法。然而，蒸发冷却并不是一直有效的。湿度是影响蒸发冷却的一个因素。湿度是衡量空气中水蒸气数量的指标。当湿度很高时，空气中存在的水蒸气可以接近饱和。在这种情况下，空气无法容纳更多的水蒸气，汗水也不能蒸发。蒸发冷却的最理想条件是空气中只有很少的水蒸气。

相变

与所有物质一样，水以三种不同的状态——固态、液态和气态存在。固态的水叫冰，液态的水叫水，气态的水叫水蒸气。当水在不同状态之间变化时，每种变化都有一个名称。当水从固体变成液体时，它就融化了。当水从液体变成固体时，它就结冰了。当水从液体变成气体时，它就沸腾了。当水从气体变成液体时，它就凝结了。

如果你从 -5℃ 的冰柜里拿出一块冰，那么冰块的温度也是 -5℃。如果把冰块放在平底锅里，在炉子上加热，冰块就会吸收能量，温度稳步上升。当冰块达到熔点（0℃）时，温度不再继续上升，能量被用来把固体变成液体，直到所有的冰融化。

试试这个

放松一下

蒸发冷却是一种有效的降温方式。

1 在棉球上倒一点外用酒精。

2 挤出多余的酒精，用棉球轻轻包在温度计上。

3 吹一下棉球，看看温度计上的温度会发生什么变化。酒精蒸发吸收能量，从而导致温度计上的温度下降。

一旦冰全部融化，温度便会继续上升。水的温度继续上升，直到达到沸点。一旦水开始沸腾，温度就又保持不变，直到所有的水变成水蒸气。当所有的水变成水蒸气后，水蒸气的温度便会随着能量的增加而升高。当能量从水蒸气中被移走时，相反的情况就会发生。水蒸气的温度下降，直到它开始凝结（由气体变为液体）。此后，温度一直保持不变，直到所有的水蒸气凝结成液态水。之后，温度继续下降，直到水达到冰点。当水从液体变为固体时，温度保持不变，可一旦所有的水都变成了冰，温度就会继续下降。

Books

Atkins, P. W. *The Periodic Kingdom: A Journey into the Land of Chemical Elements*. New York, NY: Barnes & Noble Books, 2007.

Berg, J. *Biochemistry*. New York, NY: W. H. Freeman, 2006.

Brown, T. E. et al. *Chemistry: The Central Science*. Englewood Cliffs, NJ: Prentice Hall, 2008.

Burrows, A. and Holman, J. *Chemistry^3: Introducing Inorganic, Organic and Physical Chemistry*. Oxford: Oxford University Press, 2017.

Cobb, C., and Fetterolf, M. L. *The Joy of Chemistry: The Amazing Science of Familiar Things*. Amherst, NY: Prometheus Books, 2010.

Dean, J. and Holmes, D. A. *Practical Skills in Chemistry*. London: The Royal Society of Chemistry, 2018.

Davis, M. et al. *Modern Chemistry*. New York, NY: Holt, 2008.

Gray, T. *Reactions: An Illustrated Exploration of Elements, Molecules, and Change in the Universe*. New York, NY: Black Dog and Leventhal Publishers, 2017.

Khomtchouk, B. B., McMahon P. E., and Wahlestedt C. *Survival Guide to Organic Chemistry*. Boca Raton, FL: CRC Press, 2017.

Lehninger, A., Cox, M., and Nelson, *D. Lehninger's Principles of Biochemistry*. New York, NY: W. H. Freeman, 2008.

Oxlade, C. *Elements and Compounds (Chemicals in Action)*. Chicago, IL: Heinemann, 2008.

Saunders, N. *Fluorine and the Halogens*. Chicago, IL: Heinemann Library, 2005.

Wilbraham, A., et al. *Chemistry*. New York, NY: Prentice Hall (Pearson Education), 2001.

Woodford, C., and Clowes, M. *Routes of Science: Atoms and Molecules*. San Diego, CA: Blackbirch Press, 2004.